JN307858

新書

竹内久美子
TAKEUCHI Kumiko

本当は怖い動物の子育て

512

新潮社

本当は怖い動物の子育て●目次

写真提供

27頁　時事
39頁　DONALD M. JONES／アフロ
43頁　Cyril Ruoso/Minden Pictures／アフロ
62頁　毎日新聞社
79頁　共同通信社
89頁　田中光常／アフロ
107頁上　中野耕志／アフロ
同下　鎌形久／アフロ

はじめに

上野動物園のジャイアントパンダ、シンシンの出産はとても残念な結果に終わってしまいました。上野では二四年ぶり、しかも初の自然交配による妊娠だったのに、オスの赤ちゃんは名前のないまま、生後七日でこの世を去ってしまったのです。

その代わり、赤ちゃんは私たちに思わぬ「贈りもの」を残してくれたように思います。「シンシン、妊娠か」に始まった一連のニュースを通じ、我々はパンダの繁殖や子育てについて、これまでならほとんど抱くことはなかった興味をかき立てられ、疑問を持つことになったからです。

そもそも、交尾した日をしっかり把握していながら、なぜ動物園は出産予定日を公表することができなかったのか？（交尾は二〇一二年三月二五日と二六日に確認されている）

食欲がなくなり、妊娠すると上昇するあるホルモンの値に変化がある。そのような兆候が現れたにもかかわらず、なぜ実際に産むまで「妊娠している」と断言されなかったのか？

パンダはなぜ、人間よりはるかに高い、およそ二分の一の確率で双子を産むのか？

なぜシンシンがちゃんと赤ちゃんを育てるかどうかに関心があつまったのか？

実際にお乳をあげはじめた時、上野動物園は「うまく『母親スイッチ』が入った」と説明したが、これはいったいどういう意味だったのか？

生後二日目、シンシンはいきなり赤ちゃんを床に放置、「育児放棄」してしまったが、それはなぜか？　この際にも理由として「『母親スイッチ』が切れた」（同園）と説明されたが、それはどういうことだったのか？


これらの問いは実は、この本でこれからお話ししようとしている、動物たちの、特にメスの繁殖と子育てを巡る真相のかなりの部分を鋭く突いています。この「メス」という言葉に、人間の女も含まれていることはもちろんです。

動物とは、種のためでも、集団のためでもなく、自分の遺伝子のコピーをいかに残すかという命題の下、行動する存在です。

いまだに根強い信仰があり、人々が何ら疑いを抱くことなく使っている「種の保存」、「種の繁栄」という言葉ですが、実は既に四〇年ほど前に否定されています。

もし自分の遺伝子のコピーを残すことよりも、種や集団のために尽くすことを優先させる遺伝的性質を持った個体がいたとしましょう。その個体は種や集団のために精一杯振る舞うことで、どうしても自分の遺伝子のコピーを残すという面がおろそかになってしまう。

周りの者に大変「献身的」なその個体は、とにかく自分の遺伝子を残すことだけを目的として振る舞うという、いわば「自分中心」の連中との遺伝子を残す競争に敗れ、消え去ってしまうのです。種のために行動する個体など決していない。種は結果として残っているにすぎないということになるのです。

そんなことで種全体は大丈夫なのかと気になるでしょう。でも、大丈夫な場合には大丈夫、滅ぶ場合には滅ぶというだけの話です。

さらに言うと、「自分中心」の連中は自分の遺伝子のコピーをいかによく残すかという戦略を極め尽くしています。

この「よく」には、単に子の数を多く残すというだけでなく、いかに質のよい子を得るか、いかによいタイミングと環境で子を得るか、親の〝投資〟に対し、その見返りはどれほどあるのかなど、実にいくつもの局面が含まれているのです。動物によって、どれに重きを置くかが違っていて、そうした局面があることを知るのは、私たち人間を知るうえでも大いに参考になるはずです。

驚いたことに、動物たちはそうした子作りや子育ての際に、ときには我が子に直接手をかけたり、育児放棄をした結果死に至らしめる、などという逆説的な行動を取ることがあります。この件について、一目瞭然というくらいによくわかるのが、シジュウカラです。

シジュウカラは一夫一妻制の鳥で、ペアは毎年四月から七月までの繁殖シーズンに、たいていは二回繁殖します。イギリスのカリスマ的鳥類学者デヴィッド・ラックらが一九四七年から五六年にかけて調べたところ、一回目と二回目とではヒナの死亡率に驚くほどの違いがありました。

一回目ではたった四％であるのに対し、二回目では四七％にも及んだのです。

シジュウカラは木の洞《うろ》に巣をつくります。おかげで木の枝などに何も被いのない、オープンな巣をつくる鳥よりも捕食者に狙われる危険が少なくなります。この一回目と二回目の死亡率の違いには、捕食者は関係していないでしょう。

この違いに影響しているのは実は、親がエサをいかに調達できるかでした。エサのうち、特に昆虫の幼虫は春の早い時期ほどたっぷりと得られますが、季節が進むほど少なくなっていく。だから二回目の繁殖のときの方がエサ不足に陥ってしまうのです。とはいえ、それにしても死亡率がこんなにも大きく違うなんて……。ほかにも何か特別な事情があるはずです。

そこでラックらが調べたところ、シジュウカラのメスはこんな驚くべき戦略をとっていることがわかりました。メスは卵を一～二日に一個ずつ、合計で数個、多いときには一〇個以上も産むのですが、一回目の、エサが十分にあるときにはまず産みっぱなしにしておいて、最後の卵を産み終わってからようやく抱いて温め始めます。

産んだまま放っておいて死んでしまわないか、と思われるかもしれませんが、大丈夫です。

ともかくそうすると、ヒナはほぼ一斉に孵化《ふか》します。ということは、ヒナたちの大きさにも違いはほとんどありません。

では、二回目の繁殖はというと、次のような産み方をするのです。一回目の繁殖と同じようにまずある程度の数の卵を産んだ後に抱卵《ほうらん》を開始します。その傍ら、一～二日に一つずつ新しい卵を産み加えていくのです。

その結果、どういうことが起きるのか。

前半の、ある程度まとめて産んでおいてから抱卵した卵が一番先に孵《かえ》ることはもちろんです。ほぼ一斉に孵ります。その後、産み加えられた卵が次々と孵っていきます。

彼らの体の大きさはどうかというと、随分と違いがあります。前半のヒナたちは大きさが揃い、最も大きいことは言うまでもありません。そして残りのヒナについては、遅く孵るほど小さく、最後に孵ったヒナが一番小さいということになります。

シジュウカラの母親としては、二回目の前半の卵については一回目と同じ産み方をしても大丈夫と判断しているのでしょう。しかし季節は進み、そろそろエサ不足になりかけている。ただ、どのタイミングでどの程度エサが不足するかは予想がつかない。そういう状況で最大限の数の子を残すにはどうしたらよいか。

そこで採用したのが、後半の産み方なのです。

親からもらうエサの奪い合いに勝ちやすいのは大きいヒナ。負けやすいのは小さいヒナ。だからエサ不足に陥《おちい》ったときの影響は一番小さいヒナに真っ先に現れます。

死ぬとしたら一番小さいヒナからでしょう。犠牲が彼（彼女）だけに留まるのか、もう一羽まで及ぶのか、さらにもっとになるのかは時と場合によります。

しかし、ともかくこういうふうに、ヒナの体の大きさに違いをつけておくようにすれば、エサの取り合いで負けやすい小さい者から順に除かれていき、少なくとも全滅などという最悪の事態は避けられるのです。

ここでもし、二回目の繁殖を一回目と同じやり方にしていたら、どうだったでしょう。ヒナの大きさは全員ほぼ同じであり、エサの奪い合いについても互角です。そうすると全員が同じように飢えた結果、全滅という最悪の事態にも陥っていたでしょう。

ともかくこうしてシジュウカラは、得ることのできるエサの状況に合わせ、最大限に子を残す道を追求しているというわけなのです。

より効率のいい繁殖を目指す際には、一見「負」に思えることさえも、「正」なのです。

ちなみにラックらによるこの研究こそが、個体は「種の保存」や「種の繁栄」のために振る舞うのか、それとも「自分の遺伝子のコピーが増えるように」振る舞うのか、という大論争に対し、後者を支持する初めての強力な証拠となりました。

こうした冷酷とも思われる行ないは、何も特別な動物だけに見られるのではありません。

冒頭でお話ししたジャイアントパンダも、双子を産んだとしても片方の子しか育てません。ではなぜ、わざわざ二頭産むのかと言えば、それこそがパンダの繁殖戦略、つまり自分の遺伝子のコピーを最も効率よく残すための方法だからです。

キョウダイで殺し合いをさせ、生き残った方を育てる鳥もいます（キョウダイを漢字にすると性別の意味がついてしまうため、この本ではカタカナ書きとします）。

エサが足りなくなると、妊娠をストップする大型ほ乳類がいる。それどころかせっかく産んだのに、一頭しか子が生まれて来なかったら、「なーんだ、一人っ子か」とがっかりして育児放棄する種さえもあります。

自分の子を一刻でも早くメスに産んでもらうために、メスが抱えている乳飲み子（自分の子ではない）を殺すオスもいます。

一方で、メスが「生まれてもどうせオスに殺される運命にあるのなら」と、妊娠中の我が子を流産してしまう性質を持っている種もあります。

さらには自分の乳の出をよくするために、近所の子どもをさらい、食べてしまう。そんな怖いオバちゃんがいる小型ほ乳類もいる……。

もっともこの本は、動物たちがどんなに〝残虐〟で〝非道〟なのかを暴くことを目的にしているのではありません。

私は長年、動物行動学を学びながら、動物の生態をもとに人間の行動や心理について考え、これまでの著書のなかで示してきました。そんなとき、動物が見せる、思ってもみない一面から、私たちの姿がはっきりと見えてくることがたびたびありました。この学問が本領を発揮する瞬間です。

ただ最近、野生動物やペットをテーマにしたテレビ番組が、かわいらしい子どもの姿や健気《けなげ》に子育てをする親の様子、涙なくしては見られないような、かわいそうな場面ばかりをクローズアップしていることが気にかかります。

そういうアプローチの仕方では彼らの本質に光が当たらない。結局は、私たちが何者であるのかがわからなくなってしまうのです。

「動物たちは立派に子育てしているのに、今の若い人たちと言ったら……」

虐待事件が報じられるたびに、こんな感想が聞かれます。それどころか、そういうことがさも正論であるかのように扱われている場合もあります。

一般にはあまり知られていませんが、既に紹介したように動物たちにも人間の世界でいう「育児放棄」「身体的虐待」「キョウダイ殺し」が、あからさまな形で存在します。するとと人間の場合には、そうした行動はいったい何を意味することになるのかと考えるべきでしょう。その行為は、本当に当事者だけが責められるべきものなのでしょうか。子どもが命を落とす事件を「今の若い人たち」だけが起こしているわけではないのです。

一方で、動物で起きる子の虐待について知っている人々が、人間の虐待について、「動物並みに劣っている」などと非難する場合もあります。しかし人間も含めた動物は、どちらが上で、どちらが下かと位置づけることはできないし、たとえ何かを基準に位置づけたとしてもそれは意味のないことなのです。

自分の遺伝子のコピーを最大限増やそうと懸命に振る舞う――動物とは、ただそれだけを目指している存在です。

この本の後半では、人間によるいわゆる虐待がどのような状況で起こり、それが何を意味するのかを分析し、この問題の解決の道を探る手掛かりを少しでも多く得ることを目指します。

まずは、謎に包まれたジャイアントパンダの子育てから見ていきましょう。

第1章　パンダの育児放棄

アメリカ探検隊の狙い

ジャイアントパンダは中国の四川省、甘粛省などの標高が三〇〇〇メートル前後の山あいにすんでいます。体長は一二〇～一五〇センチメートル。オスの体重は一〇〇キロを優に超え、メスはオスより少し軽いのですが、それでも八〇～一二〇キロもある大型のほ乳類です。

一九世紀の半ばにフランスの宣教師が本国へ知らせてからというもの、パンダは欧米の博物館などの垂涎《すいぜん》の的《まと》となってしまいました。

パンダを初めて仕留めることに成功したのは、何とアメリカ大統領、セオドア・ルーズベルトの二人の息子を中心とする探検隊で、一九二九年のこと。

そしてパンダが生け捕りにされ、アメリカにもたらされたのが一九三七年。母親を殺された赤ちゃんパンダでした。スーリン（中国語で「愛くるしい」の意）と名づけられたそのパンダは、シカゴの動物園で公開されると、一躍大人気に。パンダグッズも販売されるという、今日のパンダブームの先駆けのような存在になりました。

しかしこれが元々数の少なかったパンダのさらなる受難の始まりとなり、今や野生での生息数は一六〇〇頭を切るほど。国際自然保護連合（ＩＵＣＮ）によって絶滅危惧動物に指定されています。

現在、日本を含めた中国国外にいるのはおよそ四三頭。最も多いのがアメリカの一二頭で、次が日本の八頭です。上野動物園に二頭、アドベンチャーワールド（和歌山県白浜町）に国内最多の五頭（二〇一二年一二月まで九頭だったが二〇〇六年生まれの二頭が中国へ戻り、二〇〇八年生まれの二頭も二〇一三年二月下旬まで公開後帰国予定）、神戸市立王子動物園に一頭がおり、いずれも中国政府から借りている状態。借りるからには有料です。一説にはつがいで年間一億円にものぼり、日本で生まれた子どもたちにまで、なぜかレンタル料が課せられるのです。

パンダが好んで食べるのは、よく知られているようにタケの幹、葉、タケノコですが、元々は肉食であったため、ネズミなどを食べることもあります。

寿命は二〇年程度と考えられ、メスは四～五歳で性的に成熟します。オスの性成熟はメスより二～三年遅れます。

普段はバラバラに暮らしている彼らですが、春の繁殖期になると、メスを巡ってオスどうしが激しく争います。勝ち残った一頭のオスがメスへのアプローチの権利を得る。しかし、発情したメスが交尾を受け入れるのはわずか二～三日程度でしかありません。首尾よくいけば数ヵ月後に出産となり、子が親離れするのは翌々年です。そんなわけでパンダは育児期間が長く、最短でも二年ごとの出産となります。ただし、後で詳しく説明しますが、子が死んだりすると話は違ってきます。

アドベンチャーワールドはなぜか高打率

パンダが双子を産む確率は四五％くらいであると言われるものの、現在七頭を飼育しているアドベンチャーワールドではなぜか双子がよく生まれています。

アドベンチャーワールドは、一九七八年にオープンしたテーマパークで、広大な敷地に動物園、水族館、遊園地が含まれます。そして何と言ってもパンダが一番の人気。

ここで繁殖に関わっているパンダは、永明《えいめい》（オス）と良浜《らうひん》（メス）の夫婦で、二〇〇八年以降、二年ごとに三組の双子が生まれています。

永明は一九九二年、中国、北京動物園の生まれ。アドベンチャーワールドへは繁殖のためにやってきました。そして中国政府が進めるパンダの保護と研究を行う拠点の一つが四川省の成都大熊猫（パンダ）繁育研究基地で、設立は一九八七年です。今では約一〇〇頭のパンダが飼育されており、自然交配のほか人工授精でもパンダが生まれています。アドベンチャーワールドは一九九四年に永明が来日したときから、この成都パンダ基地と共同研究を行っていますが、アドベンチャーワールドでの繁殖はすべて自然交配です。

一方の良浜は、二〇〇〇年生まれ。アドベンチャーワールドで初めて生まれたパンダです。ただ彼女は複雑な〝家庭〟事情を抱えていました。

実は当初、永明のパートナーは良浜でなく、梅梅《めいめい》という別のメスだったのです。彼女は成都パンダ基地出身。ただ来日時には既に、人工授精により子どもを身ごもった状態で、その子を出産してから永明とつがいました。梅梅は二〇〇八年一〇月に死ぬまで、永明との間に六頭（うち双子が二組）もの子を産んだのです。

その死の少し前のこと――永明は次なる繁殖に備えて後添《のちぞ》えを得ます。その若いメスこそが、良浜。実は梅梅が来日してすぐ産んだ子なのです。良浜は知らないものの、彼女は義理の父親と結ばれることになってしまったのです。

ところがというべきか、やはりというべきなのか、良浜と永明のカップルも相性が良く、二〇〇八年九月と二〇一〇年八月の二回、いずれの場合も双子が生まれ、すべて育っています。そして二〇一二年八月には三組目となる双子が生まれました。

この良浜、母親として大活躍なのですが、それでも生まれた二頭のうち一頭にしか興味を示したことがありません。

実際の様子をアドベンチャーワールドに聞いてみました。

「過去三回の出産において、良浜は第二子に興味を示しませんでした。第二子は通常、第一子出産後二時間から六時間経って生まれてきます。しかし良浜は生まれてすぐお腹の上に載せた第一子に必死になって、見向きもしなかったのです」(アドベンチャーワールド業務広報課)

「はじめに」で述べたように、お母さんパンダは元々二頭とも育てる気がないのです。

唯一の例外は二〇〇三年、良浜の母親である梅梅が初めて双子を産んだ時だったそうです。

「このときには二頭目の赤ちゃんを認識し、お乳まで誘導したのです。私たちは中国の専門家と相談して二頭を梅梅に任せました。これは日本でも初めての双子誕生だったとともに、『双子を同時に育てた世界的に初の例』になるなど『初』づくしで、飼育員全体にとって感動的な出来事でした」(同)

双子の「良い方」にだけ

ここで、良浜と梅梅が産んだ赤ちゃんの出産時の体重をみてみましょう。二〇一二年に良浜が産んだ第一子のメスが一六七グラム、第二子もメスで四七グラムでしたが、残念ながらこの子は死産でした。

第一子と第二子では、体重がびっくりするほど違っているのにお気づきでしょう。

ジャイアントパンダの子どもは毛のない未熟な状態で生まれるため、体温調節ができません。そこでお母さんは腰を降ろした状態で子をお腹の上の乳首に近いところに置き、手も使いながら身体を温め続けるのです。

しかし、お母さんパンダがこのように手厚く世話をしたり、乳をあげたりするのは大きくて元気のよい方だけ。小さい方は育児放棄してしまうというわけです。その赤ちゃんは、地面に置かれたまま身体が冷たくなって死んでしまうか、ときには巨大な母親の下敷きになったりして命を落とします。

お母さんパンダはなぜ、こんな〝ムダ〟とも思えることをするのか。

実は、小さい方というのは、大きい方に何か不測の事態が起き、無事に生まれてこなかった場合のスペアなのです。スペアに本命と同じように栄養を与えるわけにはいかず、随分と小さく産むことになるのです。

二〇一二年　優浜《ゆうひん》（メス）＝一六七グラム
　　　　　　メス＝四七グラム〔死産〕
二〇一〇年　海浜《かいひん》（オス）＝一五八グラム
　　　　　　陽浜《ようひん》（メス）＝一二三グラム
二〇〇八年　梅浜《めいひん》（メス）＝一九四グラム
　　　　　　永浜《えいひん》（オス）＝一一六グラム
二〇〇六年　愛浜《あいひん》（メス）＝一九六グラム

二〇〇五年　明浜《めいひん》（オス）＝八四グラム

二〇〇三年　幸浜《こうひん》（オス）＝一八〇グラム

オス＝六六グラム［生まれた翌日に死亡］

二〇〇一年　隆浜《りゅうひん》（オス）＝一六七グラム

秋浜《しゅうひん》（オス）＝一〇六グラム

雄浜《ゆうひん》（オス）＝一九〇グラム

（双子の場合には第一子、第二子の順に示した。数値はアドベンチャーワールドＨＰより）

こうして見ると、二〇一二年や二〇〇五年のようにあまりにも小さい子の場合には死産か、生まれてすぐに死んでしまい、だいたい七〇グラムがボーダーラインのようです。

「すりかえ」育児の劇的効果

まずは次のページの写真をご覧下さい。「あれっ」と思われた方もあるはずです。

「パンダは大きい方の子しか育てないって言っておきながら、双子はどちらも立派に育っているじゃないか」

2010年に生まれた海浜（左・撮影時229g）と陽浜（右・同183g）。45g程度の違いでも、特に頭部のボリュームはかなり違って見える。

そうです。しかしそれは、ツイン・スワッピング法（双子すりかえ法）という画期的な育児技術が見つかったことによるのです。これは中国で開発されました。

せっかく生まれた赤ちゃんを、むざむざ死なせる手はない。双子をどちらも大きくするために、お母さんが一頭の世話をしている間、もう一頭を人間が預かります。頃あいを見て二頭をすりかえながら、お母さんの母乳をどちらにも飲ませて育てるわけです。

ただしパンダに限らず、子育て中のメスに近づくと大変危険。実際にどうやって双子をすりかえるのでしょうか。

「生まれたばかりの赤ちゃんを世話しているお母さんパンダは、他の動物と違って移動したり食事をしたりすることができません。

私たちはお母さんが赤ちゃんに授乳しているかどうか、子どもの行動や泣き声で見極めながら、お母さんの目の前にお皿を差し出します。これにはパンダのために作られた人工乳を入れています。乳糖が少ないため人間が飲んでも美味しくありませんが、パンダはこれが大好き。

この皿でお母さんの気を引き、さらに視界をさえぎっておいて、その隙にお腹の上にいる赤ちゃんを『すりかえ』るのです」（アドベンチャーワールド業務広報課）

とは言うものの……双子をすりかえる以前に、パンダのお母さんはどうやって生まれたばかりの赤ちゃんのうち、育てるべき、大きくて元気のよい一頭を選ぶのかという問題があります。もし小さい方が先に生まれたなら、数時間後に生まれた大きい方と取り換えるのでしょうか？

その点についても問い合わせたところ、少なくともアドベンチャーワールドでの出産では、双子はすべて大きい方の子が先に生まれているというのです。たとえば良浜は第二子に関心を示さなかったわけですが、どの出産でも第一子の方が大きかったため、自ずと大きくて元気な方を選んでいたことになるのです。

そして第一子から数時間後に小さな第二子が生まれてくるものの、小さいので母親の関心は向かわない。そこで、飼育員がパンダ用のミルクの入った皿で彼女の視線をさえぎりながら、その子を預かるのです。

飼育員は片方の子を預かると、お尻を刺激して排便や排尿を促し、体を冷やさないよう、保育器の中で温めます。そして数時間がたったとき、またパンダ用のミルクの入った皿を差し出して気をそらし、子を交換する。こんなことを繰り返しながら、母親にはあたかも一頭しか子を育てていないかのように錯覚させるのです。

パンダって何てバカなのと思いたくなってしまうかもしれません。しかし、パンダ本来の生活ではこんなおかしなことはありえないために策を講ずる必要がなく、対応する術を持っていないということなのでしょう。

ただしアドベンチャーワールドによると、すりかえ自体については母親は完全にわかっているようで、「連れ去られる子どもを目で追っている」とのこと。

双子のすりかえは、子に産毛がしっかり生え揃い、目も見え始めるまで続けられます。

そして地面に置かれても自力で母親の乳首にまで辿りつける、生後二～三ヵ月頃になると双子を一緒にお母さんの元に戻すのだそうです。

するとと何が起きるのか。二頭が同時にお腹のうえに乗っかるという初めての事態に、母親はキョトンとしてしまうそうです。それでもすぐに二頭のお尻をなめるなど、世話をやき始めるといいます。

お乳の量が物語る「戦略」

しかし母親パンダが、産んだ双子を二頭とも育てることは本来無理であることが、実際にアドベンチャーワールドで確認されました。野生の場合、生後一年まで一頭の子が母親からお乳をもらいます。

梅梅の場合は産後半年まで、良浜は二、三ヵ月までは何とか自身のお乳だけで二頭を育てることができていましたが、それ以降はどうしても量が足りなくなってしまった。そのためお乳の出具合を観察しながら飼育員が人工のミルクで補ったのです。

これで梅梅も良浜も、二頭の子を自分のお乳だけで育てあげることなど到底不可能だということがはっきりしました。

ここでもし、何としても二頭とも育てるという、「意志の強い」遺伝的プログラムを持ったパンダのメスがいたとしましょう。彼女が、大きい方の子しか育てず、小さい方は育児放棄するという、「怠惰な」遺伝的プログラムを持ったメスと自分の遺伝子のコピーを残す競争をしたとする。結果はどうでしょうか。

残念ながら前者のメスの子どもは共倒れとなってしまいます。パンダには本来、二頭とも育てあげるほどのお乳の余裕がないのだから。こうして「意志の強い」遺伝的プログラムは、「怠惰な」遺伝的プログラムとの競争に敗れてしまう。こうして双子のうち大きい方しか育てないという遺伝的プログラムだけが残ってきたのです。

ちなみに、人間の手を借りてパンダの双子が育つ場合には、生まれたときには随分と差がある体重も、だんだん縮まっていきます。小さく生まれた方の子が、大きく生まれた方の子を途中で上回る例さえあります。

次の章では、繁殖についてさらにその道を極めている大型ほ乳類を紹介します。身ごもって母親になりかけているというのに貪欲にも「もっといい子どもは得られないか」とメスとしての道を追求するのです。

それはクマ。彼らの生態を知ると、メスは子どもを産めばたちまち母親に「変身」するのでなく、メスはメスのまま変わらないというのが本来の姿だとわかるはずです。

第2章　クマの産児調整

ときを待つ受精卵

クマの仲間などのメスには「着床《ちゃくしょう》遅延《ちえん》」という現象があります。我々人間にはまったく理解できない不思議な現象です。

受精卵が、細胞分裂を始める。普通は細胞が三〇〇個くらいまで増えた胚盤胞という段階に達すると、子宮に着床します。そうしてできた胎盤を通して栄養をもらいながら、胎児が発育していきます。

着床遅延とは、受精卵がこの胚盤胞の状態になったところで細胞分裂をいったんストップ。何と、子宮の中を漂いながら数ヵ月、ときには一年近くもたってから着床するという現象です。ちなみにこの章でいう「卵《らん》」とは、いわゆる卵子を意味します。卵子とする方が精子とセットになっている感じがあるし、医学の分野やニュースなどではそう呼びますが、私は卵と呼んでいます。それは、卵と精子の大きさにはあまりにも違いがあり、精子に比べて巨大な卵に同じく「子」という名をつけるのに違和感を抱いてしまうからです。その点について理解していただけたらと思います。

ともあれ、この着床遅延についてツキノワグマを例にとってお話ししましょう。ツキノワグマ（ニホンツキノワグマ）は本州と四国の山々にすんでいて、皆さんご存じのように胸に白い三日月模様があります。オスとメスとは、メスが発情している時期を除き、別行動です。

春、飲まず食わずで過ごした冬ごもりの穴から出てきた彼らは、まずはタケノコやブナの新芽、セリ科の植物などをたっぷりと食べます。夏にはキイチゴやサルナシなど、甘い実を食べ、ハチの幼虫やサナギ、アリなどの昆虫も食べてタンパク質を補給する。

その夏真っ盛りの六～八月に交尾となるのですが、この交尾期のうちに、メスは二～五週間ほど続く発情期間を数回、不規則に繰り返します。

オスはそれぞれの発情期間のうち二週間ほどをメスに寄り添ってガードし、何回か交尾した後、離れます。ということは、メスはある年の交尾期にたいていは数頭のオスと交わることになるわけです。

秋になると彼らは、ドングリやクルミのような堅い木の実、ヤマブドウやマタタビを食べてしっかり脂肪を貯え、冬ごもりに備えますが、この期《ご》に及んでも、まだ着床は起きていません。

驚いたことに着床が起きるのは、冬ごもりの穴に入るのとほぼ同時の、一一月頃。受精から三～五ヵ月もたったタイミングなのです。

こうして穴の中で胎児が成長し、まだ穴の中にいる二月頃に出産となります。子は一度に二頭生まれるケースが多い。

生まれたばかりの赤ちゃんは体重が二〇〇～四〇〇グラムで、母親の体重の〇・五％程度でしかありません（ちなみにほ乳類の赤ちゃんの体重は普通、母親の体重の数％～一〇％程度で、クマは随分小さく生まれる。さらにジャイアントパンダの場合には〇・一％、つまり一〇〇〇分の一です）。しかしその後、人間やウシと比べ三倍ものカロリーのある濃厚なお乳を吸ったクマの赤ちゃんは急速に成長。生まれた時の一〇倍の体重になったところで母親ともども穴から現れ出ます。

これが四月頃で、オスが穴から出るよりも二週間くらいの遅れがあります。

それにしても、なぜ着床遅延などという不自然とも思われる現象が起こるのでしょう。

その利点とは一体、何なのか。

子どもを産むのにまずい時期

そもそもツキノワグマを始めとする着床遅延が起きる動物はたいていの場合、食肉目（ネコ目）のメンバーであり、その妊娠期間は本来短く、二ヵ月程度が大半です。

しかしツキノワグマの交尾期は六〜八月。その期間に卵の受精が起き、すぐに着床してしまうと秋頃に出産ということになります。それでは何かと不都合です。

子はすぐに冬ごもりせねばならず、四ヵ月以上もの冬ごもりの間に、絶食中の母親がお乳を与えざるをえなくなってしまう。そんなことは無理です。

結局のところ、食べ物が豊富な春に母親がいっぱい食べ、いっぱいお乳を出せるよう出産の時期を延期したい。しかし一方で食肉目の特徴として、妊娠期間が本来とても短い。どうしたらよいものか。

その解決策こそが、着床遅延でした。受精はしたが、長らく着床を保留状態にし、結果的に妊娠期間を延ばす。着床遅延とは、まずはスケジュール調整のためというわけなのです。

この「保留状態」にはもう一つ、秋まで待って様子を見るという重要な意味もあります。秋は冬ごもりに備えてドングリやクルミを盛んに食べる時期です。しかしそれらのエサが不足気味であるのなら、せっかくできた子をうまく育て上げることができないかもしれない。

それならばいっそのこと、着床させず、吸収してしまった方が、無駄な〝投資〟をしなくてもすむ。吸収とは、妊娠の初期の段階で受精卵の成長が止まり、その全体が母体に戻ってしまうことを指します。

つまりその様子見のために着床を秋まで遅らせているというわけなのです。

実際、アメリカでツキノワグマに相当するアメリカクロクマでは、メスの秋の栄養状態が、翌年に出産する子の数に影響を与えることがわかっています。もしエサが十分でなければ、着床する前に吸収しているのでしょう。

ツキノワグマでは、着床前ではなく、着床後に少し成長した胎児を流産した、と考えられる例が見つかっていて、冬ごもりの途中でも子を産むかどうかの調整がなされているようです。もっともこういうことはメス自身が意識して行なうのではなく、遺伝的生理的メカニズムによってそうなっているのです。

着床遅延が見られるのはクマの他に、ジャイアントパンダ、アザラシ、アナグマ、カンガルー、ワラビー、コウモリなどです。

ちなみにジャイアントパンダの妊娠期間は、三ヵ月弱から半年あまりと随分とばらつきがあるのですが、その原因は着床遅延にありました。

着床遅延の長さがメスごとに違っているので（あるいは環境の違いも関係するかもしれない）、妊娠期間にも差が現れるというわけです。

上野動物園のリーリーとシンシンは交尾した日がきちんとわかっていながら、シンシンの出産予定日が発表されませんでした。それは着床遅延の長さが様々な条件によって違ってくるからなのです。

そしてたとえばミンク、ラッコには着床遅延があり、イタチにはなし、と同じイタチ科のなかでも違いがあります。

まだある着床遅延の意味

ツキノワグマの場合にはさらにもう一つ、この不思議な生理状態をうまく活用している模様です。

それは、交尾期に何回も発情することと関係があります。

着床遅延がなくて、一回目の発情で受精が起き、受精卵が着床してしまったらどうなるか。着床したことで胎児が発育し始め、次の発情が起きなくなってしまいます。これは他の動物では当たり前のことなのですが、クマのメスの場合には不都合です。

何しろいま着床したら、一頭のオスの子しかつくれない。でも着床を遅らせれば、その間に別のオスの子も同時につくることができるではないか。

メスは一度子どもをもうけたら、次はなるべく別のオスの子どもを産むことが肝心です。これがなぜ、優れた繁殖戦略となるかといえば、そうすることで子に遺伝的な、特に免疫の型のヴァリエーションをつけられるから。伝染病対策などで大いに有利になるからなのです。

子に免疫的にヴァリエーションをつけておかないと、ある伝染病が流行ったとき、全滅ということもありうる。しかしヴァリエーションをつけておけば、死ぬ子がいる一方で、助かる子もいる。つまり全滅は防がれるというわけです。

そのようなわけで、クマで同時に生まれた子が二頭いたなら、彼らはおそらく異父キョウダイであるはずです。

3頭の子グマを連れたアメリカクロクマの母親

一頭しか生まれてない！

アメリカクロクマ、そして同じくアメリカに生息するグリズリー（日本のヒグマに当たる）にも、もちろん着床遅延があります。それどころか、どちらも耳を疑うような習性を持っているのです。

子は普通、二〜三頭か、もう少し多く生まれることもあるのですが、問題は一頭しか生まれなかった場合です。

その子を遺棄する、つまり育児放棄することがあるというのです。

なぜこんな理解に苦しむような行動をとるのでしょうか。一頭とはいえ、せっかく生まれた子なのです。

その理由は彼らの出産間隔の長さが関係しています。出産の間隔は、アメリカクロクマでは二～四年、グリズリーで四～五年です。この長い間にはほ乳類の大原則である、母親が子に乳を頻繁に与えていることにより発情せず、排卵も起こらないという状態が続きます。

もし、一頭で生まれてきた子をきちんと育て上げるとすると、次に子を得るチャンスは、アメリカクロクマでは最悪で四年後、グリズリーで五年後になってしまう。しかし、一頭だけ生まれた子の育児を放棄してしまえば、その年の交尾期に早くも発情し、次の子をつくることができるのです。とすれば二頭、あるいは三頭を得られるでしょう。こちらの選択の方が断然有利に自分の遺伝子のコピーを残すことができる。

それがために、ただ一頭しか子が生まれなかった場合には、とても育てる気になれない、育児放棄してしまおうという遺伝的プログラムが進化してきたのです。

ここでまたしてもこんなふうに議論することができるでしょう。

かりに、「ただ一頭の子であったとしても、ちゃんと最後まで育ててみせます」という遺伝的プログラムがあったとします。そしてそのプログラムが、ただ一頭しか子が生まれてこなかった場合に、「なーんだ一頭か、がっかりだ」と育児する気力を失ってしまうという遺伝的プログラムと、遺伝子のコピーを残す競争をしたとします。残念なことに前者の方は完全なる敗北となるでしょうから、プログラムとして残ってくることはなかったのです。

ヒグマとツキノワグマでは育児放棄はまだ確かめられてはいないようですが、似たような現象があったとしても不思議はありません。

パンダもクマの仲間です。とすると、上野動物園のシンシンが一頭だけ生まれた子を育児放棄してしまった件については、こんな見方ができるのではないかと私は考えます。

オスの赤ちゃんは乳を吸う力が弱かったといいます。つまり、そのまま育てていても遅かれ早かれ、彼は死んでしまうとシンシンは本能的に察知した。それならば乳をあげたり、いろいろ世話をするという〝投資〟は早めに切り上げ、翌春の繁殖のためのエネルギーを蓄えようではないか——。

第3章　ハヌマンラングールの子殺し

ハレムに生きる宿命

パンダやクマのメスは、妊娠中や出産後に、かなり恐ろしい一面をのぞかせました。ではメスだけが非情なのか？というと、そんなわけはありません。自分の遺伝子のコピーをいかによく残すか、という命題に向き合っているという点ではオスも同じです。

この章ではオスが見せる〝非情な〟行動の例と、メスが編み出した対策についてお話しします。

パンダの故郷である中国の山奥からヒマラヤ山脈を越え、インドへと至ると、ハヌマンラングールという神々しいまでに美しいサルと出会うことになります。

細身で手足が長く、体よりも長い尾を持っている。皮膚は黒く、毛の生えていない顔の部分も真黒なのですが、その顔には水晶玉のような瞳が輝いている。全身は銀灰色の

白と黒のコントラストが目を惹くハヌマンラングールの群れ

長い毛に被われ、思わず拝みたくなってしまうほどの美しさです。

そのためなのでしょう、古代インドの叙事詩、「ラーマーヤナ」の中で、ハヌマンラングールは誘拐された王妃を助けに行く王子、ラーマのお供をするサルとして登場するのです。

そんなロマンをかきたてるハヌマンラングールなのですが、動物学においてはこんな特別な存在となっています。動物にはときに「子殺し」という行動が遺伝的に備わっていることが彼らによって初めてわかったのです。そうして「個体は種の保存などまったく考えていない」ということを強烈に示す結果となったのです。

「はじめに」でシジュウカラが繁殖の一回目と二回目とで卵の産み方を変える話を紹介しまし

たが、ハヌマンラングールで確認されたことは、よりはっきりと、個体は自分の遺伝子のコピーを増やすことだけを考えているという動物界の真実を我々に突きつけています。

この場合の子殺しとは、自分と同じ種の、他人の子を殺すという意味です。

ハヌマンラングールの子殺しを初めて見つけたのは杉山幸丸さん（元京都大学霊長類研究所所長）で、一九六二年のこと。当時、京大の大学院生だった杉山さんはニホンザルの研究で修業を積んだ後、アフリカの類人猿を次なる研究対象にしようと考えました。しかしその前に、インドのサルに注目します。この選択が大発見をもたらすことになりました。

杉山さんはボンベイ（現・ムンバイ）の南東にある、ダルワールという地域を中心に調査をしました。インドの人々はハヌマンラングールを大切にしている。人を恐れなくなった彼らは寺院や人家の近くにまで出没することもしばしばです。

この地域のハヌマンラングールの社会は、一頭のオスが数頭のメスとその子どもたちを従えるというものでした。

このハレム、我々が想像するような、男がこれはと思う女を一人一人スカウトして築き上げた、などというものではありません。現在のリーダーであるオスが、先代のリーダーオスなどを追放し、メスたちを強奪した結果によってできあがった集団です。メスたちには血縁関係があり、リーダーオスはハレムに君臨するものというよりは、メスたちにとっての、いわば雇われ亭主兼用心棒のような存在なのです。

そういう事情からなのかどうかはわかりませんが、リーダーは普段は実に子煩悩《こぼんのう》で穏やか。一歳くらいの子どもがその長い尻尾にぶら下がり、ターザンごっこをしても一向に怒る気配もありません。

しかし一方で、ハレムの周辺には常に、若いオスたちがうろついており、徒党を組んではリーダーの座を虎視眈々《こしたんたん》と狙っています。このオスのグループが近づいてくると、リーダーは歯ぎしりをし、大きな声を出して威嚇《いかく》します。

するとたいていは退散するオスグループですが、リーダー衰えたりと判断したとき、初めて本気を出してきます。数頭が束になり、たった一頭のリーダーに対し、襲いかかるときが来るのです。

杉山さんが子殺しを発見したのは、「ドンカラ群」と名づけた、二四頭からなる群れを観察しているときでした。

新リーダーが真っ先にすること

ドンカラ群はドンタロウと名づけられたリーダーオスと、メス九頭、子どものオス六頭、子どものメス三頭、そして赤ん坊（乳飲み子）五頭という構成でした。

一九六二年五月三一日のこと、エルノスケと名づけられたオスをリーダーとする七頭からなるオスグループが、このドンカラ群を襲撃しました。争いは数日間続き、多くは手負いの状態になったのです。

その後、ドンタロウはほぼ完全に群れから追放され、子どものうちでもオスは父の敗走に従いました。そしてオスグループのうちエルノスケ以外の面々は、せっかく戦いに参加したというのに、エルノスケによって追放されてしまいました。

元のハレムのメンバーのうち、残っているのはメスと、子どものメス、そして性別とは関係なく、まだ母親の乳を飲んでいて、その胸に抱かれている乳飲み子です。

そんなときに「事件」は発生します。新しくリーダーの座についたエルノスケが真っ先にしたこと。

それが乳飲み子を殺すこと。子殺しです。

初めのうちはエルノスケから我が子を守ろうと必死に逃げ回るメスたちですが、体力の差もあり、とてもではないが守り切ることはできません。抱いていた我が子は次々に咬み殺されてしまいました。しかし驚いたことに、一週間かそこらすると、メスたちはぶるぶると首を震わせ、他でもないその犯人に対し、尻を向けて交尾を促すポーズをとるようになったのです。

既に述べたようにほ乳類のメスには普通、子に頻繁に乳を与えている限り、子が乳を吸うという刺激によって、発情もしなければ、排卵も抑えられるメカニズムがあります。しかし乳を吸う者がいなくなってしばらくすると、発情と排卵が再開されるのです。

ここで子を殺された母親の豹変ぶりを責めることはできません。我が子を守り切ることができないのであれば、次善の策としては、できるだけ早く発情して新しいオスとの間に子をつくる。それ以外に自分の遺伝子のコピーをよく残す道はないのです。

乳飲み子を殺した新リーダーを責めることも、やはりできません。もし彼が随分お人好しな性質であり、旧リーダーの乳飲み子を殺さず、彼らが離乳するのを待っていたとしましょう。ハヌマンラングールの授乳期間は一年くらいに及ぶので、その間ずっと待っていなければ交尾のチャンスは巡ってきません。

しかもそうこうするうち、今度は自分の体力が衰えてハレムから追放される立場となり、まったく子を残さないまま立ち去ることにもなりかねません。実際、リーダーの交代劇は早くて一～二年で起きているのです。

そんなわけでこのようなお人好しの性質や行動がオスに備わるよう進化することはありません。逆にハレムを乗っ取ったら即、子殺しをするという遺伝的プログラムだけがよく残ってきたというわけなのです。

ハヌマンラングールの子殺しに似た例はライオンにもあります。

ライオンは同じ集団の出身である兄弟など、血縁関係があるオスが二～三頭、行動をともにし、乗っ取りができそうな他の集団を狙っている。

襲ったオスのうちの一頭だけがリーダーとなるハヌマンラングールとは違い、これらのオスは乗っ取りに成功したなら、すべて新しいオスとしてその集団に君臨します。

しかし、ここでも初仕事は乳飲み子を殺すことなのです。

このように群れのリーダーが、群れの乗っ取りによって変わっていくようなタイプの社会を持つほ乳類を見つけたら、まず間違いなく子殺しが行なわれているでしょう。

メスの秘策は「ブルース効果」

せっかくある程度まで育った子を殺される――これはやはり、メスにとって大変な損失です。既に相当なエネルギーを投資したものがムダになることを意味するのだから。

商売の世界は何事もコスト（投資）とベネフィット（利益）のかねあいであり、コストがベネフィットを上回るとそのうち商売が成り立たなくなります。動物の世界もまったく同じで、ムダなコストはできるだけ早く削減する必要があるのです。

ここで問題の、ある程度育った子が殺されるという事態を避けるためではないかと思われる現象があるので紹介することにします。

まずはケージで飼育しているマウスなどでの話です。

発情したメスをオスと同居させ、交尾が終わったところでオスをメスから引き離します。しばらくしてそこへ新たなオスを同居させる。メスは前のオスの子を妊娠しているものの、まだ出産しておらず、もちろん乳飲み子もいない。さてどうなるでしょうか。

ハヌマンラングールなら、新たなオスは乳飲み子を殺し、できるだけ早く自分の子を得ようとする。でも、この場合にはまだ出産さえしていないのです。

実はマウスなどの場合には、新たなオスの登場によってメスの妊娠が中断してしまい、胎児が流産となったり、吸収されたりしてしまうのです。

これをブルース効果と言います。

いったい、何が原因となってメスの妊娠が中断するのでしょうか。オスの尿の臭いや、体臭だろうと考えられていますが、残念ながらまだはっきりとはわかっていません。

このブルース効果の持つ意味は、オスの側からすれば、まさにハヌマンラングールの子殺しの「早め」版。メスに一刻も早く自分の子を産ませるという意味があります。では、メスにとってはどうかというと、もし今妊娠している子を産んだとしても、たいていのほ乳類の定めとして新しいオスによって殺され、そのオスとつがうことになる。どうせそうなる運命にあるのなら、早々に流産して、新しいオスとの繁殖を一刻も早く実現させる方が、エネルギーの面で得だということになるのです。

実際、新しいオスと同居したメスは、わずか数日で発情を再開します。

ブルース効果はあくまで実験室内での話であって、野生のネズミでも同じような現象が起きているかどうかはわかっていません。しかしながら少なくともマウスなどでは、新しいオスの登場によってメスが前のオスの子の妊娠を中断させる生理的メカニズムを持っている、ということだけは言えるのです。

そして、ゲラダヒヒというエチオピアの高原地帯にすむ霊長類でもこのブルース効果が起きることがわかっています。

彼らの社会を詳しく調べたのは、京都大学霊長類研究所の河合雅雄さんらのグループで一九七三年から研究が始まりました。

それによると、ゲラダヒヒは一頭のオスと補佐役のオスが一～二頭、数頭のメス、そして子どもたちからなる、ワンメールユニットと呼ばれる家族で暮らしています。ハヌマンラングールとは微妙に構成が違った社会です。

ワンメール（one male）というのは繁殖するのが基本的に一頭のオス（male）だけであり、補佐役のオスは親しいメスと毛づくろい程度のことならしてもよいとされているが、交尾はだめということに、一応はなっているからです。

ワンメールユニットは昼間、いくつも集まってバンドと呼ばれる集団をなし、植物の葉や茎、根や球根を食べています。バンドの中にはオスだけのグループやフリーランスのオスなども含まれます。そして夜になるとバンドがさらに集まり、トループと呼ばれる大集団となる。彼らが眠りにつくのは、断崖の中腹の、わずかに平らとなっている場所で、捕食者であるヒョウも、さすがにこのような場所には近づくことができません。

ちなみに、ある集団が集まって次の集団をなし、それらが集まってまた次の集団をなすという社会（重層社会）は、人間以外ではゲラダヒヒとマントヒヒくらいでしか見つかっていません。

このワンメールユニットに、例によって群れの乗っ取りが起きます。そうして新しいオスがリーダーの座につくのですが、その際、新しいオスの存在自体によってメスの一部がほぼ一斉に発情してしまいます。

ブルース効果はこのときに起きているのです。メスは、妊娠している胎児を吸収するか、流産するか、あるいは早産してしまいます（早産といっても人間の場合とは違い、子が育つことはありません）。

この事実を発見したのは京大霊長類研究所に属していた森梅代さんらで、一九八五年に発表されましたが、つい最近ではこんな研究も登場しました。

ゲラダヒヒの出産ラッシュ

ミシガン大学のE・K・ロバーツらは同じくエチオピアの高原地帯のゲラダヒヒについて研究し、五年間にわたってメスの出産状況を調べました。その結果は二〇一二年に発表されました。

ロバーツらは、オスによるワンメールユニットの乗っ取りでリーダーオスが入れ替わったいくつかのグループについて、入れ替わり前の六ヵ月、入れ替わり後の六ヵ月、入れ替わりから七〜一二ヵ月と区切って出産数を見てみたのです。

なぜ六ヵ月ごとに区切っているかというと、メスの妊娠期間が約六ヵ月だからです。

オスの入れ替わりのあった一四〇頭のメスについて観察したところ、入れ替わり前の六ヵ月の出産数は二四頭でした。

ところが入れ替わり後の六ヵ月では、たった二頭と激減。

そして、入れ替わり後七〜一二ヵ月となると出産数は五八頭にも激増するのです。

オスの入れ替わりのないグループのメス（一三六頭）の場合にはこういう変動はなく、常にほぼ一定数の出産が見られます。

オスの入れ替わり後の六ヵ月間にほとんど出産がないというのは、新しいオスの登場によって妊娠中のメスが流産か早産、あるいは吸収をしたからでしょう（それでも二頭出産例があることから、新しいオスの登場ですべてのメスが流産や早産をするわけではないことがわかります）。

そして入れ替わり後、七〜一二ヵ月の間が出産ラッシュとなるのは、新しいオスによって妊娠したメスが我も我もと子を産んでいるからなのです。

こういう出産数の変動を見ただけでも、新しいオスの登場により、妊娠中のメスが流産、早産などをしている、つまりブルース効果が起きていることは明らかです。でも、厳密には直接の証拠になっているとは言えない。

そこでロバーツらは、妊娠しているメスの女性ホルモンのレヴェルが新しいオスの登場によりどう変化するか、ということまで調べました。女性ホルモンのレヴェルは妊娠が進むにつれ高まっていきますが、流産、早産などをすると、急激に下がるのです。

しかし、ホルモンのレヴェルをいったいどうやって測るのでしょうか？

何と、彼女たちの糞を回収して分析するのです。

そうすると、新しいオスの登場により、妊娠中だったメス一〇頭のうち大部分に女性ホルモンのレヴェルの急激な低下が確認されました。流産、早産が起きたわけです。メス数頭については、実際に胎児が目撃されるか、出血の跡が見られています。

そしてこの研究でわかったのは、流産、早産などはオスの入れ替わりから早くて三日、遅くとも二週間以内に起きるということでした。

子殺しの元祖とでも言うべきハヌマンラングールでも、新しいオスの登場により、妊娠中のメスが流産や早産をすることが、やはりあるといいます。ただ、ゲラダヒヒほどには頻繁ではなさそうです。

私の飼育ケージの中で起きたこと

少々余談になりますが、私はかつてブルース効果にとてもよく似た現象を見たことがあるので紹介します。

大学院生時代、私はカヤネズミを始めとする様々なネズミを飼育していました。今も思い出すのは、こんな出来事です。

繁殖させるために発情したメスをオスと同居させ、交尾が済んだら、オスを引き離します。しかるべき日数の後に出産となるわけですが、私としては子どもたちの体重を測る必要がありました。

ゴム手袋をはめて一匹ずつ母親の元から取り出し、体重を測っては返します。そうして翌日、実験室を覗くと目を疑うような事態が発生している。子どもたちの頭や胴体、手足がバラバラで、所々に食いちぎられた跡があるのです。

母親が我が子を殺したに違いありません。

こういうショッキングな経験を二〜三回積んだ後に悟ったのは、ゴム手袋のにおいがいけないのだろうということです。嗅ぎなれないにおいは、母親にとっては見知らぬ何者かが巣に侵入したという証にほかなりません（だから素手で触ったり、割り箸などでつまんだとしても、同じだったでしょう）。

この巣は自分にとっても、子らにとっても危険だ。別の巣に引っ越したいところだが、あいにく子どもを連れてこの狭いケージから脱出することは叶わない。となれば、今の子どもたちについてはあきらめ、遺棄し、次の繁殖に期待しよう。

おおよそこういうことではないかと考えました。

そこで、私がとった子ども殺しの防止策は、まずはゴム手袋をはめ、ケージの中に敷き詰められているおがくずをすくい、手袋の、特に指先にまんべんなくこすりつけること。彼らの糞尿などのにおいをたっぷりとしみ込ませることでした。

こうして子どもたちを一匹ずつつまみ出し、体重を測っては母親の元へ返す。すると母親は、目の前で我が子が連れ去られ、何だかよくわからないことをされたうえで戻されるという一部始終を見てはいるのに、もはや子どもを殺すことはなくなったのです。

ネズミの母親としては本来、覚えのないにおいにさえ注意していれば、他者の侵入を感知することができます。そのため目の前で何が起きているかということに注目する必要はあまりないのです。

双子をすりかえられるパンダの母親も、すりかえられる様子を見ていても何ら動じませんでした。野生ではそんな変なことは起こりえないのだから。このネズミの例もパンダに通ずるところがあります。

隣のオバちゃんにご用心

子殺しは霊長類では三〇種くらいで見つかっています。ちなみに日本にすんでいる霊長類はニホンザルだけですが、厳しい飢餓状態に陥るなど、よほど特殊な例でしか子殺しは確認されていません。

既に述べたように、子殺しの動機は多くの場合、オスが乳飲み子を殺すことでメスを発情させて、自分の子どもを産ませるというものでした。

霊長類やライオン以外では、ハンドウイルカでもオスによる子殺しが観察されており、これもまたメスを発情させるためと思われます（ただしこれは飼育下での話です。自然界での観察は不可能に近いので確認できていません）。

また地上性のリスであるジリスの仲間でも子殺しはよく見られるのですが、その意図はメスを発情させるためとは限らず、種によって実にいろいろな目的があるようです。ここでは子殺しをするのがほぼメスに限られているという珍しい例を見てみましょう。

アメリカのカリフォルニア州からワシントン州にかけてすんでいるカリフォルニアジリスは、他のジリスと同じように、自分たちが掘った巣穴に、コロニーをつくってすんでいます。

巣穴の中はよくできたトンネルシステムになっていて、換気ができ、雨水が入らないような工夫がなされています。

繁殖期間は二月下旬から三月上旬にかけてで、一ヵ月ほどの妊娠期間の後、五頭前後の子が生まれてきます。子どもたちはまず五〜六週間は巣穴の中にいて、人間で言えば、よちよち歩きを始める頃にようやく地上に姿を現すのですが、これが最も危険な時期。

近所のオバちゃんが、殺して食べてしまうことがままあるからです。

アメリカ、カリフォルニア大学のL・A・トゥルリオらの研究によると、メスによって、殺し方の流儀が違うようです。あるメスは何時間もかけて、何度も接近を繰り返しました。ゆっくりとためらいがちに、母親に見つからないように。この行動に、子らはすっかり警戒心を解いてしまってオバちゃんに挨拶、「ようこそいらっしゃいました」と歓迎するようなそぶりを見せる子さえもいました。

すると次の瞬間、オバちゃんは豹変。手なずけた子をがぶりと食べてしまったのです。別のメスは、こんなにも落ちついてはいませんでした。彼女は他人の子らを追いかけ回した挙げ句、一頭をくわえ、自分の巣穴に持ち帰ったのです。子は金切り声をあげて母親を呼んだのですが、母親は子を取り返すことはできませんでした。

前者のメスも後者のメスも、一繁殖シーズンに何回も〝犯行〟を繰り返す常習犯なのですが、すべてのメスが子殺しをするわけではありません。子殺し犯は少数派です。彼女たちは何のために子殺しをするのでしょう。

このようにメスが〝犯行〟に及ぶのは、彼女自身が授乳中のときに限られていました。また殺すといっても手当たり次第に子を殺しているわけではなく、数頭の子のうちの一頭程度です。そういうわけで、自分の子の将来の競争相手をあらかじめ抹殺しておこうということではなさそうです。

子を殺された母親が、巣を立ち退くかというと、そうではありません。すると子を殺し、その空いた場所へ自分の子を移住させようとしているわけでもない。

結局、子殺しをするメスがちょうど授乳中であるということがポイントでした。授乳中には栄養が、特に動物性タンパク質が必要になる。そのために、食べることを目的として子を殺しているのだろうと考えられるのです。

子どもを産んだ当のメス。そのメスとの交尾を狙わんとするオス。子育ての様子をうかがっている別のメス……ほ乳類の生まれたばかりの赤ちゃんは、まさに生まれたてであるという状況のゆえに、何とも壮絶な争いに巻き込まれていくのです。

第４章　ラッコの暴力行為

鼻にキズ持つメスは

この章では子育てより前の段階、交尾に注目します。暴力に訴えなければ受精ができない……そんな仰天の生態を見せるのがラッコです。

ラッコはイタチの仲間。一言で言うなら、海へと進出したカワウソです。しかもイタチ科の中で一番体が大きいという特徴を持っています。

すんでいるのは、千島列島からアリューシャン列島、カムチャッカ、アラスカ、カリフォルニアの海岸近くの海で、その冷たい海水から身を守るために、他のどのイタチ科の動物よりも優れた毛皮を持っています。高級毛皮の代名詞であり、同じイタチ科のミンクでさえ、ラッコの毛皮には及びません。

そんなわけで人間たちの乱獲の対象になり、二〇世紀の初めには絶滅寸前の状態にま

母親ラッコはおなかの上で子ども（左）を育てる

でなってしまいました。その後、保護活動が功を奏し、ようやく個体数が回復してきています。

ラッコはまた、食べまくることによっても体温を保っていて、一日に必要なエサは体重の四分の一にも及ぶ。しかもカニ、エビ、ウニ、アワビ、種々の魚……と、信じられないほどの贅沢メニューです。

日本の水族館に初めてラッコがやってきたのは、一九八二年のこと。静岡県の伊豆・三津《みと》シーパラダイスへでした。

しかしラッコの名が一躍日本人に知られるようになったのは翌八三年、アラスカから三重県の鳥羽水族館にやってきたラッコたちによるところが大きいでしょう。

同水族館の中村元氏（現在は水族館プロデューサーとして活躍）らが大々的に彼らの名前を募集し、それがテレビなどでとりあげられたのです。さらに氏らはテレビの動物番組にも彼らを売り込み、ラッコをスターダムにのし上げました。

さて、野生のラッコは普通、オスとメスとが別々の集団をなして海に浮かんでいます。メスはしばしば子連れで、ラフト（「いかだ」の意）と呼ばれるこれらの集団の規模はときに、数十頭、数百頭に及ぶこともあります。

オスは、発情したメスをラフトの中から選び、交尾へと誘います。つまりラッコの婚姻形態は乱婚的というわけなのです。メスはそのオスが気に入らないなら誘いを断ればよいし、交尾の態勢に至ったとしてもまだ選択の余地が残されています。

オスはメスの背後から馬乗りになるのですが、ペニスの完全な挿入には、メスが背を反らしてくれることが何としても必要。逆に言えば、メスは背を反らすか否かで交尾の受け入れも拒否も思うがままです。

しかし、いったんメスが背を反らすと、オスは背後からメスの鼻に嚙みついて離しません。こんな手荒なステップを踏まないと交尾が成立しないのです。

実際、メスが負う傷は相当な深手で、傷跡が残るほど。鼻に傷を持つラッコのメスがいたら、彼女は少なくとも交尾の経験があり、おそらくは出産の経験もあるでしょう。

ラッコと同じように、交尾の際にオスがメスに深手を負わせるのはミンクです。この場合には首筋が標的となり、やはり流血の惨事となります。

実はネコも、ラッコやミンクほどではないものの、交尾の際、メスが痛い思いをします。ネコのペニスには、根もとに向かってトゲが生えていて、挿入時には何ともないのに、引き抜く際にメスに激しい痛みを与える。メスは「ギャー」と一声あげ、振り返ってオスを睨《にら》みつけます。

交尾排卵とはなにか

なぜメスは、わざわざ痛い思いをさせられるのでしょう。

それはこれらの動物では、交尾の刺激によって排卵が起きるからです。これを交尾排卵といいます。つまり、オスはメスに激しい痛みを味わわせることによって、より効率よく排卵を起こさせようとしているのです。

交尾排卵の対極にあるのが、発情期間や月経周期の決まった時期に排卵する自然排卵で、人間もこのうちに入ります。

交尾排卵の動物は、イタチ、ネコ、ウサギ、そしてジャイアントパンダを含む、クマの仲間などです。ただしこれらの動物のメスのすべてが交尾の際に激しい痛みを味わわなければならないわけではなく、単に交尾が刺激となって排卵が起きると考えられています。

ではなぜ、排卵の時期が決まっておらず、交尾が引き金となって排卵するなどというシステムになっているのでしょう。

それに交尾後に排卵するなどと悠長に構えていて、はたして受精は間に合うのか？ 実は交尾排卵であるラッコのオスとメスは普段別々のラフトに暮らしているということがポイントです。やはり交尾排卵のイタチ、ネコ、ウサギ、クマ、ジャイアントパンダを考えてみても、すべてオスとメスとはいっしょに暮らしていません。

もしラッコが自然排卵だったとすると、メスはオスが周囲に見あたらないタイミングでただ排卵だけすることにもなりかねない。でも、交尾してからの排卵なら、少ないチャンスで確実に受精することができるのです。

交尾後の排卵で本当に受精は間に合うのかという件ですが、そのご懸念は無用で、その方がむしろ受精は確実なのです。

精子は普通、射精されてすぐには受精の能力はなく、メスの体の中でしばらく時間を経てからその能力を得ることが知られています。そのための猶予時間がまず必要です。

そして卵の受精は子宮のさらに奥の輸卵管の中で行なわれるので、精子がそこまで到達するための時間も必要です（実際にはこの移動中に精子は受精の能力を獲得する）。

この間に、卵の方は刺激を受けて卵巣から放出され、やがて輸卵管で待ち伏せしている精子と出会い、ようやく受精に成功するのです。交尾後の排卵というのは、ムダのない、とてもよくできたシステムと言えるでしょう。

交尾排卵は人間にも？

人間は自然排卵の動物ですが、時として交尾排卵に似た現象が起きてしまいます。

第一次世界大戦、そして第二次世界大戦の際のことでもあるのですが、ドイツ軍の兵士たちが国境付近で戦っていました。あるとき隊の配置転換が行なわれ、彼らは国を横切って次の戦場へ向かうこととなります。そこでこの機会を利用して、二四時間、または四八時間という極めて短い休暇が与えられたのです。

兵士たちは日頃の疲れを癒すべく、ゆっくり休養をとったのでしょうか？　いや、皆まっしぐらに妻や恋人の元へと戻った。そしてするべきことだけを済ますと、足早に隊へと戻って来たのです。

そうして然るべき日数がたったとき、妻や恋人たちは我も我もと出産しました。彼女たちがそのとき、たまたま排卵期であったという自然排卵ではとても説明できないほどの出産ラッシュだったのです。

この時、出産した女たちについて詳しい調査が行なわれていて、第一次世界大戦では八三八人、第二次世界大戦では一〇〇人についてのデータがあります。彼女たちが当日、月経周期のいつ頃であったかというものです。

排卵期にあった女が妊娠するのは当然として、この出産ラッシュは、月経後から排卵期の前までの時期にあった女が妊娠したことに、主たる原因があることがわかりました。〝交尾〟の刺激によって排卵が、予定よりも随分と早められたということのようです。それどころか排卵後から月経までの、本来なら最も妊娠しにくいはずの時期の女さえもかなりの頻度で妊娠していました。

こういう現象は「ショート・ヴィジットの効果」と呼ばれています。

遠洋漁業の船員さんは、一度漁に出ると一年とか二年も家をあけ、帰って来ても二週間かそこらでまた漁に出るというのに、ちゃんと何人もの子がいることが珍しくありません。このような例も「ショート・ヴィジットの効果」の可能性があります。

「ショート・ヴィジットの効果」には、普段はいっしょにいられない男女が、少ないチャンスをものにするために交尾排卵するという意味があり、ラッコなどの交尾排卵と理屈はまったく同じです。

ところが、よくわからないのは次に示すようなケースです。

一九六五年一一月に起きたニューヨークの大停電、そして二〇〇五年八月、ニューオーリンズを中心とするアメリカ南部を襲ったハリケーン、「カトリーナ」によっても同じような現象がもたらされているのです。

人々を襲ったのは大きな恐怖でした。多くが家族や知り合いと身を寄せ合って夜明けを待ったことでしょう。怖いけれども、何だかわくわくするようでもある。そんな普段とは随分違う感情を抱きつつ、他にすることもないし……ということである行為を行なったということなのでしょう。

さらに欧米ではクリスマスの頃に子ができやすいことが定説になっています。お酒に酔った勢いで女が排卵期にあるのに避妊を怠り……とも考えられますが、そうではなくてクリスマスシーズン全体を通してということなのです。

このようにショート・ヴィジット、大停電、巨大ハリケーン、クリスマス……と見ていくと、共通するのは、喜びにしろ恐怖にしろ、日常的にはまず味わわないような大きな心の揺れを人々が感じていること。つまりそんなときに、女は思わず排卵してしまうようなのです。

痛みではない別の〝刺激〟が排卵を促しているのではないか。人間も、交尾排卵に似た部分を持っていると考えられるのです。

第5章　タツノオトシゴの自己改造

こまめすぎる交尾

　動物の子育ては基本的にメスが行うと考えられがちですが、動物界全体ではそうとも限りません。この章でお話しするのは、子に対してよくそこまで尽くせるものだと感心させられるほどのオスの姿です。

　ただし、そこまで大変なことをするからには深いわけがある。無償の献身などというものは、残念ながら動物界にはありえません。

　タガメは日本で一番大きい水生昆虫。体長は六・五センチもあります。本州から南の水田や池、沼にすんでいて小魚やオタマジャクシを捕えて食べている。捕獲肢である前脚は、元々大きい体にさらに不釣り合いなまでに大きく発達しています。

　獲物をいったん挟み込んだら、相手がどんなに暴れようが離さない。鋭い口吻《こうふん》を突き刺すと、消化液を注入。獲物の中身がすっかり溶けたところでちゅうちゅうと飲み干すのです。

五～七月の繁殖期になると、オスは発達した臭腺からバナナのような匂いを放ち、一定のリズムで水面を腹で叩いて波を起こし、メスを誘います。

一度交尾するとメスは、水面から突き出た草の茎や木の杭に登り、逆立ちして卵を産み付けます。それが終わると降りて来るのですが、すかさず同じオスが登っていってまた交尾するのです。メスは再度、逆立ちしつつ卵を産む。そしてまたオスが登って来ては交尾……こういうステップを何回も繰り返すのです。結局メスは六〇～一〇〇個くらいの卵を産むのですが、その間に交尾は一〇～二〇回も行なわれている。

なぜこうもこまめに交尾するのでしょう。

その理由はその後のオスがとる、オスとして極めて稀な行動と関係します。

昆虫の世界ではそもそも卵や幼虫の世話をするという例は少なく、もしいるとしたら、それはメスというのが常識です。メスの産んだ卵や子は確実に彼女の子で、それぞれの子の父親が違っていたとしても彼女の子であることに変わりはないのだから。

しかしタガメではオスが卵の世話をします。夜になるとオスは水中から何回も上がってきては、茎や杭に産み付けられた卵に口に含んだ水をかけたり、水で濡らした体を密着させたりして乾燥から防ぎます。昼には、直射日光が当たらぬように、卵に体を覆い被せさえもするのです。

そこまで献身的に世話をし、保護するというのに、もしその卵のなかに自分の子でない子がかなり混じっていたとしたら、どうでしょうか。とんでもない損失、バカバカしくてやってられないではありませんか。

実はそういうことがないよう、メスとこまめに交尾するのです。

いくらこまめに交尾したとしても、メスがそれ以前に交尾したオスの精子で卵が受精しているかもしれないではないか、と思われるかもしれません。

でも、その心配はご無用。なぜなら昆虫の受精は「遅い者勝ち」だからなのです。

メスは交尾で精子を受け取ると、いったん受精嚢《のう》なる袋に貯めておきます。はなはだ誤解を招くネーミングですが、受精嚢は精子を受け取る袋の意であり、ここで受精が起こるわけではありません。受精はメスが卵を産む際に、この袋の入り口に近い所から精子を送り出すことで起こります。

こまめな交尾とは、自分の精子を常に受精嚢の入り口付近に陣取らせることを意味します。他のオスの精子があったとしても奥の方に溜まった状態で、それが卵を受精させることはまずありえないのです。

タガメではこんなふうに卵の父親が自分であるというかなり確実な保証がある。そうであるからこそ、オスが卵を世話するというなかなかありえない行動が進化することになったのです。

「凶悪」メス、あらわる

タガメのオスもメスも、こうして一回の繁殖シーズンの間に複数の相手と交尾し、メスは最大で四回くらい繁殖できます。

しかしここで一つ困った問題が発生する。オスが卵を世話し、孵化《ふか》させるまでの期間（一〇日くらい）よりも、メスが次に産卵する準備が整うまでの期間の方が短いのです。当然、繁殖市場ではメス過剰の状態に陥ってしまいます。

そんなわけで、まだ卵の世話をしている最中のオスの元へ産卵の準備が整った別のメスがやってくることがあります。彼女は、

「その卵のことは放っといて私と交尾しなさいよ」

とは言いません。その代わり、普段は狩りに使っている頑丈な前脚で、いきなり卵塊をばりばりと壊してしまうのです。

オスは破壊を阻止しようとはするものの、何しろメスよりも体が小さいのでムダな抵抗に終わってしまいます。そうするとオスとしては、どうするのか。何か仕返しをしてひと泡吹かせてやるのか、それとも腕力では叶わぬとメスの元からすごすごと去っていくのか。

驚いたことにオスは、憎きそのメスと、すんなりと交尾に至ってしまうのです。

メスを懲らしめたところで何らメリットはありません。卵はもう生き返ってはくれないのです。オスにとっては今、最も身近にいるメスと交尾することが次の繁殖への一番の近道となるのです。

それに少しうがった見方をすると、その〝凶悪〟でデカいメスと交尾することで、やはり〝凶悪〟でデカい娘を得る。その娘がいずれ母と同じように、オスが世話をしている卵塊をぶっ壊し、そのオスと交尾する。こうして自分の遺伝子が将来的によく残っていく……というストーリーもありうるでしょう。

卵は背中に産んでくれ！

タガメと同じようにオスが卵の世話をする水生昆虫は、コオイムシです。

その名の通り、オスがメスに自分の背中に卵を産み付けさせ、世話をするのですが、こういう方法をとるようになったのは、背負うという究極の保護により、タガメのオスのような悲劇を防ぐためと考えられます。せっかくいいところまで育てたのに、一からやり直しなんて悲しすぎやしませんか？

コオイムシは日本では本州、四国、九州にすんでいて、体長は二センチくらい。水田や水草の多い池や沼にすみ、小魚やオタマジャクシ、モノアラガイなどの貝を食べています。タガメと同じように強力な前脚で獲物を捕え、口吻から消化液を注入し、中身を溶かして食べるのです。

五～六月の繁殖期に、オスは中脚を使って波を起こし、メスを誘います。そしてやりこまめな交尾と産卵を繰り返すのですが、背中に卵を産んでもらうべくオスはメスの体の下に潜り込みます。メスはオスの上に乗っかり、卵を産み付けていく。後脚を使ってオスの体をくるくると回し、産み付けるのに適した場所を探したりもします。

オスの体には最大で六〇個くらいの卵が産み付けられますが、それらにはたいてい複数のメスの卵が混じっています。相手のメスは違っても、背負っているのはそのオスの子であることにまず間違いはありません。だからオスは熱心に世話をし、保護することができるのです。

そしてコオイムシよりも大型で、山間部にすむ、オオコオイムシの場合には、オスが確実に我が子だけを世話し、保護することを、もはややりすぎというくらいに追求しています。

交尾してメスが一つ卵を産むと、また交尾する。丁寧にもこういうステップを踏むので、たとえば九〇個の卵を背負っているとすれば、本当に九〇回交尾をしているのです。相手のメスも一匹ではなく、三~四匹で、その都度求愛もしています。

しかもこれほどの回数の交尾をわずか一~二日の間に成し遂げてしまうのです。

コオイムシのオスもオオコオイムシのオスも、背中の卵を干からびさせないようにしつつも、卵を空気に触れさせるために水面上に出たり、水草の上に乗ったりします。

我が子とほぼ確信できればこその献身ぶりなのです。

ちなみに、オオコオイムシと同じように一卵ごとに交尾するアメリカのコオイムシの一種について、はたして本当にすべての卵がそのオスの子なのだろうかということが調べられました。

するとオスが我が子ではない子を背負わされる確率は二％以下だった。九〇個背負っていたとして、最大で一～二個は他人の子という勘定です。わずかに一～二個なのか、それとも一～二個もなのか、判断が難しいところです。

メスから「子宮」を奪ってまで

オスが紛れもなく我が子だけを得て、しかも保護についても完璧に成し遂げる――この道をついに極めたのが、皆さんがよくご存じのタツノオトシゴです。

タツノオトシゴは熱帯から温帯にかけての浅い海にすんでいて、普通の魚とは違い、立って泳ぐことができます。この姿から馬や竜が連想され、西日本でずばりウマと呼ばれたり、富山ではウマノカオ、和歌山でリュウグウノコマ、神奈川でリュウノコなどの名があります。

また周囲にあわせて色を変えることができ、尾を海藻やサンゴに巻きつけてゆらゆら揺れたりして海藻に擬態する名手でもあります。

彼らの繁殖は、オスもメスも腹部の色が白っぽい、明るい色に変化することから始まります。オスはメスに近づき、彼女に尾を巻き付け、クルクルと旋回しながら泳ぎ、気を惹こうとします。続けて自分の育児嚢（ここで受精卵が育ちます）に海水を入れて膨らませては出し、準備ＯＫの合図を出す。

するとオスとメスは互いの尾を絡ませてクルクル旋回しながら泳ぎはじめます。これが求愛のダンスで、その最中にはどちらも体の色が鮮やかな明るい色に変わり、これは婚姻色と呼ばれます。二匹は海面近くまで上昇したかと思うとまた潜る。こんなことを時に三日間も続けることがあります。

そうしてオスが水面付近で育児嚢の入り口を開くと、メスは輸卵管を差し込んで数個の卵を産みます。オスは育児嚢を閉じ、体を揺らして受精を促す。実は育児嚢の一番上の端に精子の出口があり、卵が産み込まれ、通過していくときに受精が起きるのです。

受精はオスの体内で行われるというわけ。これなら、いくら何でも他人の子が育児嚢に紛れこむなどということはありえません。これが、タツノオトシゴのオスが我が子だけを完璧に得るという道を極めた結果です。

こんなふうに産卵と受精が一回起きるごとに少し休憩が入り、結局二時間くらいをかけて四〇～五〇個の受精卵が育児嚢に収められます。

育児嚢の内側には元々ひだがあるのですが、受精卵が入るとこれが育児仕様に変化します。ひだがスポンジ状に変わり、毛細血管が発達した網目状の組織となる。受精卵のそれぞれは、この網目にすっぽり収まり、毛細血管から栄養をもらうことになります。まさにオスに「子宮」ができたというわけです。

孵化までは二週間くらいで、孵化しても稚魚はまだしばらくは育児嚢に留まっている。持たせてもらった卵黄がなくなる頃にオスの〝出産〟となるのです。

タツノオトシゴの父親の周りを、泳ぎまわる稚魚たち（白い線状）

オスはお腹をいきませ、体を振り振り何回にもわけて稚魚を産み出します。タツノオトシゴは年に三回も繁殖することがあります。

無理もないことなのですが、昔の人は〝妊娠〟し、〝出産〟するからには、それは当然メスだと考えました。タツノオトシゴは安産のお守りとされたのです。平安時代末期に書かれた『山槐記《さんかいき》』には、平清盛が献じた薬箱にタツノオトシゴ六尾が入っていたという記録があります。

ところでヨウジウオという魚はタツノオトシゴに近縁で生態もよく似ているのですが、種によってオスが腹部に受精卵をくっつけるだけのタイプから、オスの腹の表面を被うスポンジ状の組織に卵が一つ一つ埋め込まれるタイプ、本格的な育児嚢を持つものまでいろいろヴァリエーションがあります。

二〇一〇年のこと、オスが完全な育児嚢を持つヨウジウオの一種、ガルフ・パイプフィッシュを用いてアメリカ、テキサスA&M大学のK・A・パクゾルトらはこんな研究を発表し、大きな反響を呼びました。

とにかく大きなメスがいい

パクゾルトらは、次のような手順で実験しました。二〇〇七年の六〜八月の繁殖シーズンにガルフ・パイプフィッシュをメキシコ湾で採集し、大学へと運ぶ。オスはその際、〝妊娠〟していることがほとんどなので、まずは〝産んで〟もらいます。

そうして二四時間以内にメスと交尾させるのですが、大きめのもの（体長が一〇八〜一二二ミリ）か、小さめのもの（九三〜一〇六ミリ）かは研究者がランダムに選び、オス自身には選択の余地はありません。

ヨウジウオは普通、メスがオスよりも大きく、ガルフ・パイプフィッシュの場合にはオスは小さめのメス程度かもっと小さいこともあります。

そのオスの好みというのが、とにかく大きいメスであること。なのにその意向をまるで無視してランダムにメスをあてがっているというわけです。

オスが大きいメスを好み、小さいメスを敬遠しているということは、有無を言わさずメスをおしつけられた際に、そのメスを受け入れるまでの時間にも現れています。

大きいメスを与えられると、すんなりと受け入れるのに、小さいメスを与えられるとなかなか受け入れようとしない。もっと大きなメスが現れないかと待っているが、いつまでたっても現れない。仕方ないなあ、としぶしぶ受け入れるのです。

この受け入れまでの時間ですが、メスの体の大きさ自体もさることながら、自分とメスとの体の大きさの違いが一番のポイントとなっています。メスとオスとの体長に差がある場合ほど、「やったあ」とばかりにすぐさまオスはメスを受け入れたのです。

そんな事情もあり、パクゾルトらが捕まえてきた全部で四八匹のオスのうち、ちゃんとメスとペアになり、メスから卵を受け取り、〝出産〟にまでこぎつけられたのは三〇匹しかいませんでした。この三〇匹が〝出産〟し、四八時間以内に二回目の繁殖実験が行なわれます。

今度もまたオスの意向をまったく無視し、大きいメス、小さいメスのグループからランダムに相手が選ばれます。ちなみにこのメスたちは一回目の繁殖のメスとは違うメンバーで、メスの使い回しなどというせこいことはしません。

オス三〇匹のうち、メスを受け入れたのは二三匹で、うち〝出産〟にまでこぎつけ、研究の全過程を全うしたのは二二匹でした（せっかく四八匹も捕まえてきたというのに）。

この二二匹のオスの、主に二回目の繁殖に注目して調べます。それは、受精卵のうちどれくらいが育っていないかということ。二回目の繁殖で〝妊娠〟の中盤である七日目の様子を、顕微鏡を通して見るのです。

ガルフ・パイプフィッシュは都合がよいことに体が透明なので（というか、こういう性質を持っているからこそ実験材料として選んだのでしょう）、育児嚢の中の受精卵の様子が体の外から透けて見えるのです。もし卵が透明になっていたり、萎縮していたとしたら、それはオスから十分な栄養がもらえず、いわば〝中絶〟された卵ということになる。中絶といっても、我々のイメージとは違い、卵はオスの体の外に遺棄されるのではなく、吸収されるというものです。

ともあれ卵の様子を調べると、当然と言うべきでしょうか、相手のメスの体が小さい場合ほど、オスは受精卵を〝中絶〟する傾向があることがわかりました。

出産前夜の怖い真相

二回目の繁殖で、体長が最大級のメス（一二〇ミリ前後）と交尾したオスたちはほとんど〝中絶〟をしませんでした。しかし、中型のメス（一〇〇ミリ）と交尾したグループのなかには八〇％も〝中絶〟したオスがいた一方で、小さめのメス（九三ミリ程度）と交尾したグループでは五〇％を〝中絶〟したオスの例がありました。

オスとしては本音を言えば大きいメスを選びたい。しかし実験の都合上、有無を言わさずランダムにメスをあてがわれている。ならば次善の策としては納得がいかないメスが当たったときには一部を中絶してエネルギーを温存する。次の、できれば大きいメスと交尾したときの子育てに役立てようというわけです。

そしてなんと、体長がそれぞれ九五ミリ、一〇一ミリ、一〇三ミリというまあまあのメスと交尾したオスは、何がそんなに不満なのか、受精卵をすべて中絶していました。それらはすべて自分の子であることが保証されているというのに！

そのあたりの何だかすっきりしない事情については、それぞれのオスの一回目の繁殖と二回目の繁殖との関係を見てみることでわかってきます。

一回目のメスが大きいと、それでもう大満足なのでしょう、二回目の繁殖で、相手のメスがどうあれ、よく中絶する傾向がありました。ということは、先ほどの、二回目でまあまあのメスが当たったというのに、すべて中絶したオスたちというのは、一回目で大当たりのメスを得ていたはずです。

その一方で、一回目のメスが小さいと二回目の繁殖で、相手のメスがどういうメスかとは関係なく、あまり〝中絶〟しない傾向にあることもわかりました。一回目が小さかったからかなり〝中絶〟している。ならば、今回は相手のメスがたとえ小さくても、なるべく中絶はやめて、自分の子を残すことの方に力を入れようということなのでしょう。

こうしてわかるのは、ガルフ・パイプフィッシュのオスにしたところで、愛情に基づいてひたすら現実を受け入れ、我が子のためだけを思って子育てをしているわけではなかったということです。

それも無理もないこと。何しろ、タツノオトシゴにしろ、ガルフ・パイプフィッシュにしろ、オスは子に大変な投資をする。保護するだけでなく、毛細血管から栄養を与え、まさに身を削って育てている。それほどまでの投資をするのであれば、まずはメスを厳しく選ぶし、もし若干不満の残るメスを選んだ場合にはその不満度に応じて子育てにかける力を抜くなど、繁殖の主導権を握ることになっても不思議はないのです。

ちなみに動物は普通、メスの方がオスよりも多くの投資をするので、厳しく相手を選ぶのも、繁殖の主導権を握るのもメスです。


それにしても栄養の補給を絶たれ、中絶されてしまったガルフ・パイプフィッシュの受精卵。その養分はいったいどこへ行くのでしょう。育児嚢のなかのほかのキョウダイたちの栄養へと回されるのだろうか。それともオスが吸収して自分の栄養としてしまうのか。

この件についてはパクゾルトらとは別の研究者たちが、ガルフ・パイプフィッシュと近縁な種で実験し、二〇〇九年に発表しています。

放射性同位元素で印をつけたアミノ酸の混合液をメスの胃に注入。その成分が卵に取り込まれ、オスの育児嚢に産みこまれて受精卵となります。

そのうち〝中絶〟された受精卵の成分を追いかけて行くと、はたして……キョウダイたちには行かなかった。

代わりにオスの育児嚢、そして遠く肝臓や筋肉にまで行き着いていたのです。

そんなオスの本音は、こんなところかもしれません。

「体の小さいメスの子どもたちになど栄養を回してやるものか！　自分の栄養としてとっておいて、今度こそ体の大きいメスを射止めるのさ」

第6章　タスマニアデビルのキョウダイ殺し

生き残るのは〝先着四名〟

オーストラリアの南東の海上に浮かぶ美しい島、タスマニア。大きさは北海道を一回り小さくしたくらい。タスマニアデビルはこの島にしかいない夜行性の肉食獣です。

かつては同じ有袋類《ゆうたいるい》の、フクロオオカミが島で一番大きい肉食獣だった。タスマニアデビルがそれに次ぎ、フクロオオカミの後をしつこくついて歩いては、獲物を横取り、ときには食べ残しすら漁っていた。特に食べ残しの際には、骨をも砕いて食べる。そのために彼らは丈夫なアゴと強力な歯を持つようになったのです。

フクロオオカミは人間が環境を変化させ、また駆逐したことによって、一九三六年に絶滅したと言われます。しかし、しぶとく生き残ったタスマニアデビルはその頃から死んだ動物をターゲットにすることが多くなりました。

カンガルーなどの死体が転がっていると、何頭ものタスマニアデビルが集まってくる。不気味な唸り声をあげ、スカンク並みとも言われる悪臭を放って互いに牽制。ときには本当の争いに発展することもあるのですが、そうなるともう流血の惨事で、アゴと歯は相手の骨をも砕いてしまいます。

これだけでもデビルと呼ぶのに十分なのですが、本当に恐ろしいのはこれからです。四月頃（といってもタスマニアは南半球にあるので秋のこと）、オスとメスとはペアをつくりますが、それと同時にオスはメスを巣穴に閉じ込めてしまいます。巣穴は樹洞や洞穴、あるいはウォムバットの巣穴を再利用したものです。

二週間ほどすると閉じ込められたメスが出てきてようやく交尾となるのですが、この幽閉……。

オスにとっては、メスが他のオスによって妊娠させられる事態を免れるという意味を持ちます（それでも、交尾の前に他のオスと関係していたら？と考えてしまいますが、そこは彼らなりに何らかの対策を講じているでしょう）。

しかし驚いたことに、交尾が済むとオスとメスの形勢はなぜか逆転。メスは唸り、咬みついてオスを追放します。そうしてたった一ヵ月の妊娠期間の後、「米粒」程度の未

昼間でも恐ろしい表情を見せるタスマニアデビル

熟な赤ちゃん坊を産むのです。カンガルーの超未熟な赤ちゃんを写真などで見たことのある方もおられるでしょう、有袋類ではこんなふうに赤ちゃんがごく小さいことはよくある現象なのです。

ただしカンガルーが産むのは一頭なのに、タスマニアデビルの子の数は二〇～四〇頭にも及びます。育児嚢の中の乳首の数はたった四つだというのに。

そこでこの〝先着四名〟の座をかけ、「米粒」たちが産道の出口から育児嚢まで、命がけのレースを展開することになります。

タスマニアデビルの育児嚢は、彼らが穴を掘る性質を持つために、土が入ってしまうことのないよう、出入り口は下（後ろ）向きについています。つまり、上向きに開いているカンガルーなどの〝ポケット〟とは逆方向というわけです。そのため、カンガルーほどには長い道のりではないのですが、タスマニアデビルの赤ちゃんは母親のもじゃもじゃの毛をかきわけかきわけ、約八センチのレースに命をかけます。

四つの乳首にそれぞれ到達した〝先着の四名〟は、ひとたび乳首に食らいついたら、何が何でも離さない。当然、その他の者たちは飢えて死ぬしかなくなってしまいます。

タスマニアデビルの母親はこのように、敢えて過酷な条件を多数の子に課し、乳首にいち早く到達できる、体力、気力に優れた子を選んでいると考えられます。

先着四名は母親の育児嚢の中で乳を吸い続け、再び姿を現すのは四ヵ月も後になります。ところが四名のうちのすべてが姿を現すとは限らず、ときには三名が脱落し、一名しか生き残っていないこともあるのです。

厳しすぎるほど厳しく選んでしまって、はたして意味があるのだろうかと逆に疑問が湧いてくるほどです。

巣のなかの一騎打ち

猛禽類であるイヌワシも、キョウダイどうしの争いを繰り広げます。

日本では本州から北海道の山岳地帯や湿地帯にすむイヌワシは、三月頃にたいていい二つの卵を産みます。卵を抱くのはほとんどメスだけで、彼女は一つ目を産んだら温め、四～五日後に次の卵を産み足します。当然、二つの卵が孵化する時期がずれることになります。

ちなみにイヌワシに近縁のコシジロイヌワシでは、二卵目は一卵目よりも一〇％ほど軽いことがわかっていて、イヌワシでもたぶん同様だろうと考えられます。さらにスコットランドでのイヌワシの観察によれば、一卵目の方が殻の色が濃く、捕食者に目立たない工夫がなされている。いずれにしても一卵目の方が二卵目よりも、孵化する前から随分優遇されていると言えるでしょう。

ともあれ先に孵ったヒナは、もう一羽のヒナが孵ったときにはだいぶ体が大きくなっています。そして彼（彼女）は弟（妹）をくちばしでつついたり、つねったり、咬みついたりして追いかけ回すのです。

攻撃は頭や首が中心で、産毛をむしり取り、皮膚をあらわにさせることもある。体をぶつけて縁に追いやり、時には巣の外へ放り出してしまいます。

こうして弟（妹）を、孵化して一～二週間の後に死に至らしめるのですが、その間、両親は見て見ぬふりをしています。それどころか、エサはこの〝極悪非道〟の上の子にだけ与えているのです。

このような仕打ちの背景にあるのは、一回の繁殖で二羽とも育て上げることは難しいという事情です。後から孵ったヒナというのは、先に孵ったヒナがうまく育たなかったり、そもそも孵化に失敗した場合のスペアに過ぎないのです。

先に孵ったヒナが、後から孵ったヒナを十分にいじめられるほどに育っているのであれば、下の子はもう必要ない。よって親は、下の子がいじめられるがまま放置しておくということになります。

もっとも、イヌワシなら必ずこういう行動が見られるわけではなく、エサに恵まれた地域の場合にはいじめもそう激しくなく、二羽、ときには三羽育つこともあることが知られています。

ブタの赤ちゃんと乳首〝格差〟

タスマニアデビルやイヌワシほど争いは熾烈ではないものの、ブタの赤ちゃんも乳首を巡って争っています。

メスは一〇頭前後の子を産みますが、乳首は七対、つまり一四個あるので、乳首にあぶれる子はいません。しかし乳首の間に〝格差〟があるのです。乳がよく出るのは前の方の乳首で、母親の後脚で蹴られにくいのも前の方なのです。

そこで生まれたばかりの子どもたちはよりよい乳首を求め、生えたばかりの門歯と牙でひっかき、激しく争いあいます。

早い場合には二日ほどで決着がつき、大きい子ほど前の方の条件のよい乳首を〝マイ乳首〟とする。大きく生まれたうえに乳がよく出る乳首を勝ち取るので、ますます大きく育ちます。子どもたちの成長には余計に差がついてしまうというわけです。

乳首を巡る争いが終わり、それぞれの子の乳首が決まった後、子どもたちを母親からいったん全部引き離す。そうして一頭ずつ母の元へ戻すという実験がなされたことがあります。

すると子どもたちはどう振る舞ったのか。

どの乳首を選んでもいいはずです。今度はライヴァルがそばにいません。それなのに、どの子も既に決まっていたマイ乳首を選びました。

分不相応によい乳首を選んでみても、どうせ後からやってきた大きなやつに追い払われるだけだ、ムダな争いはやめようというわけです。

このブタの赤ちゃんの例のように順位や、力関係が決まっていることは、一見不公平にも見えます。しかし、もし毎回争うとなると、どのメンバーもただただ消耗するだけ。順位や乳首が決まっている方が誰にとっても得となり、好ましいということになるのです。

口裂け魚の好物は

次にお話しするのは、ここまで読み進めてきた方にとってさえ、いくら何でもそこまでするか、とあきれるほどのすさまじい例です。同じ種が食いあうことを前提に育つ魚がいるのです。しかもその魚は、私たち日本人にとても身近な存在、マグロやカツオでした。

魚の卵は、親の体が大きいからといって大きいわけではありません。マグロやカツオ、イワシにしてもたいていは直径一ミリ前後。孵化直後の体の大きさにもほとんど違いがなく、体長は三ミリ前後です。ちなみにこの数値は、直径一ミリの卵の中にくるりと巻き込まれていた体を伸ばしたらちょうどこれくらいの長さになるということで、体の長さは円の周りの長さである円周とほぼ同じなのです。実際の卵は完全な球体ではないこともしばしばですが、おおよそこういう議論ができるのです。

ところが孵化直後は似たりよったりの稚魚たちも、それから先は話が大きく違ってきます。魚類学者の河井智康さんが示しておられる、キハダマグロとカタクチイワシの比較を見てみましょう。

キハダマグロは三年くらいかけてオトナになり、体長は二メートルにもなります。メスがお腹に持っている卵も多く、その数は三〇〇万個にも及びます。産卵するのは沖合。プランクトンが乏しい海域です。

片やカタクチイワシは一年でオトナになり、体長は一五センチくらい。メスが持っている卵も数千個くらい。産卵するのはプランクトンが豊富にある沿岸部です。

なぜこうも状況が違うのでしょう。特に、キハダマグロはなぜ、わざわざ孵化した子が苦労しそうなところで産卵したりするのでしょうか。

実はそのヒントがそれぞれの魚が体長八ミリくらいにまで成長した、「後期仔魚《しぎょ》」の、驚くべき形の違いにあります。後期仔魚とは、孵化したときには持っている卵黄を使い果たし、自分でエサをとらなくてはならなくなった段階の魚のことです。

この時期のカタクチイワシというのは誰もがよく知っているものです。捕えて加工したならジャコとかシラスと呼ばれるようになるもので、細長い体に、点のような小さな目と口がある。一方のキハダマグロがどうかと言えば、化け物かと思うほどの恐ろしい形相をしている。目が異様に大きく、口が全体の三分の一近くを占めている。口裂け女ならぬ、口裂け魚と言ったところです。

小さなプランクトンを食べるのであれば、こんなにも口が大きくなる必要はありません。

キハダマグロのこの口の大きさが意味するもの。それは、自分と同じくらいの大きさの魚を食べることができるということなのです。しかも、ただの「同じ大きさの魚」ではなかった。自分と同じ種の魚を食べる。共食いというわけです。

河井さんによれば、仔魚が自分と同じ大きさのエサを食べるためには口の大きさが体長の少なくとも一五％以上あることが必要とのこと。そんなわけで、キハダマグロを始めとするマグロ、カツオ類の後期仔魚は共食いをするためにやたら大きい口を持っているのです。

ただし大海原の沖合で共食いをする彼らに血縁関係があるとはまず考えられません。

カツオやマグロの卵は浮遊卵と呼ばれるもので、生まれるとすぐに海流に乗って散らばってしまうからです。この共食い期を過ぎれば、体の大きさに対する口の大きさはだんだん小さくなり、普通の魚っぽい姿となっていきます。

そしてそもそも、マグロやカツオのメスが数百万個もの卵を産むのは、この共食いによる消耗を視野に入れてのことだったのです。

ここまでは実を言うと河井さんの推論で、『死んだ魚を見ないわけ』（情報センター出版局刊）などの著作で述べられていることであり、マグロやカツオの後期仔魚が自然界で本当に共食いをするのかどうかについてはまだよくわかっていません。しかし養殖という形でならはっきりと確かめられています。

マグロ完全養殖への難関

「近大《きんだい》マグロ」というブランドマグロをご存じでしょうか。

この場合のマグロとはクロマグロのこと。青森県の「大間《おおま》のマグロ」や、大間の北海道側の対岸に水揚げされる「戸井のマグロ」と言われるのも、このクロマグロです。クロマグロはホンマグロと呼ばれることもあります。

近大マグロとは、近畿大学水産研究所の熊井英水《ひでみ》さんらが達成した、世界初の完全養殖のクロマグロです。この研究所の施設は、和歌山県の白浜町、串本町などに置かれています。

クロマグロの養殖は地中海などでも行われているのですが、獲ってきた産卵後のやせ細ったメスに十分なエサを与え、太らせてから出荷するというもので、完全な養殖とは言えません。

近大の研究グループはまず、天然のクロマグロの幼魚である、ヨコワを捕えてきて成魚にまで育てる。その成魚から卵と精子を取り出し受精させ、人工的に孵化させるところまでもっていく。その稚魚が成魚になるまで育て、産卵させる。そうすると産卵から産卵までをすべて人工的に行なったことになり、天然のクロマグロを獲ったのは最初のヨコワだけ。大切な資源を枯渇させることはないのです。

しかしこの完全養殖に至るまでには想像を絶する苦労と試行錯誤の道のりがありました。プロジェクトは一九七〇年に始まり、何と三〇年以上もかけて二〇〇二年に成功に至ったのです。

その苦難の歴史について詳しくは『究極のクロマグロ完全養殖物語』（熊井英水著、日本経済新聞出版社刊）を読んでいただくとして、完全養殖の過程での大きな問題点の一つが、やはり後期仔魚どうしの共食いだったのです。

熊井さんらは、大きな仔魚が小さい仔魚を追いかけ回して攻撃する様子を目撃しています。丸飲みにされた仔魚の尻尾が口からはみ出しているという衝撃の場面さえ目の当たりにした。

結局この問題は、仔魚の大きさになるべく違いがないよう、大きさで分けて飼育するということで解決されました。

先ほどの河井さんは、自分と同じ大きさの、同じ種の魚を食うという観点でマグロやカツオの共食いと口の大きさを説明していましたが、少なくとも熊井さんらの研究では体の大きさが同じだと共食いは起きず、体の大きさが違うと起きることがわかったわけです。

共食い屋が生まれる環境

一部の変則的な者だけが、共食い屋になることがわかっている動物もいます。エゾサンショウウオがその一例で、それも変態をしてオトナになる前の、幼生のときの話です。

北海道大学の若原正己さんが水槽内で行なった研究によると、この幼生たちの間にはときどき頭でっかちで、アゴの幅が大きいタイプが現れることがある。それが共食い屋です。

この研究では、共食い屋の現れる条件についてよくわかりました。若原さんらによると、共食い屋が現れるには、水槽内での彼らの混み合い方と血縁の近さが関係している。まず、水槽内があまり混み合っていないと、血縁があるグループでも、血縁がないグループでも共食い屋はまったく現れなかった。一方、最も混み合っていて、そのメンバーたちに血縁がないグループで最も共食い屋が多く現れ、その割合は八％にも達したのです。

昆虫の幼虫もときに共食いをします。

たとえばモンシロチョウ。モンシロチョウのメスはアブラナ科の植物の葉の裏に卵を産み付けます。しかし一枚の葉に一個しか産みません。

もし、もう一つ卵が産み付けられていたなら、それは別のメスが産んだ卵です。

卵から孵化した幼虫（一齢幼虫）は、まずは自分の卵の殻を食べて栄養補給をする。

そして同じ葉に別の卵がなければ葉を食べ始めます。しかし別の卵の存在に気づいたなら、その卵をまず食べるのです。遠慮はいりません、それは身内ではないのだから。

この行動には大変重要な意味があります。卵には動物性の栄養分が含まれているので、卵を食べず、葉だけを食べた場合よりも早く成長し、次のステージである二齢幼虫により早く進むことができるのです。動物が動物性のタンパク質を取り入れることは、当然のこととは言えやはり重要なことだと気づかされるのです。

ナナホシテントウの幼虫も共食いをします。彼らのエサは普通、アブラムシ（アリマキ）ですが、まだ孵化していない自分たちと同じ種の卵を食べると、アブラムシを食べなくても二齢幼虫に進むことができます。

タガメも幼虫どうしが共食いをしますが、そもそも彼らは肉食が専門なので、当然というべきでしょう。

共食いなんて所詮、魚や昆虫の話だろう、と思われるかもしれません。しかし、進化の上で我々の隣人であるチンパンジーにも共食いは見られます。

チンパンジーは複数のオスと複数のメス、そしてその子どもたちからなる数十頭から一〇〇頭くらいの集団をなしていて、婚姻形態は乱婚的です。メスはオトナになると生まれた集団を出て行き、どこかの集団に属する。さらにはその集団から別の集団へと移籍することもあります。

この移籍のとき、もし乳飲み子を連れていたなら危険極まりない。乳飲み子を抱えているために発情と排卵が抑制されており、しかもその赤ん坊は彼女の移籍先の集団のオスたちの子どもではないのだから。当然のことながら子殺しが起きます。メスの発情を再開させるのが第一の目的ですが、ハヌマンラングールなどとは違い、チンパンジーの場合にはもう一つの大きな理由がある。食べるため、です。

チンパンジーは植物性のものも食べますが、実は肉が大の好物で、普段からアカコロブスやヒヒ類のような小型のサルなどを襲って食べています。だから殺した子どもを食べない方が不自然なのです。子殺しをしたライオンも当然、子を食べています。

チンパンジーではさらに、オスが集団内の子を突然、殺して食べることがあります。そういう状況が起こったある例では、彼らは直前に狩りに失敗していました。

ただ肉が食べたいという衝動のあまり、集団内の子を殺したのかもしれません。とはいえオスたちにとってその子は、もしかしたら我が子の可能性がある……。

しかしながら、そうした子殺しの犠牲となるのは、メスが発情期に集団の縄張りの境界付近にいて、別の集団のオスとの間になした子である可能性が高いのではないかと考えることができると思います。チンパンジーのメスは発情した際に、大胆にも縄張りの周辺部まで出かけ、別の集団のオスとの間に子をなすことがあると、DNA鑑定からわかってきているのです。

「あのメスが産んだ子だが、どうやらオレたちの子ではなさそうだ」

チンパンジーの頭脳を以てすれば見抜けなくもないかもしれません。

ちなみに子殺しの元祖、ハヌマンラングールですが、彼らはリーフ・イーター（葉を食べる者の意）と呼ばれる一群のサルの仲間で、植物性のものしか食べず、子殺しの犠牲となった子が食べられることはありません。

第7章　オオジュリンの浮気対抗術

一夫一妻制はタテマエ

鳥のオスには普通ペニスがありません。交尾はオスとメスとが総排泄腔どうしをくっつけるだけ。あっと言う間にすんでしまいます。総排泄腔とはその名からもわかるように、糞尿の出口であると同時に生殖器でもあります。

そんなわけで鳥の世界では、浮気がやりやすく、オスもメスも浮気に超熱心なのです（もっともその一方で、ハクチョウやツル、ワシのような大型で寿命の長い鳥では、夫婦のどちらかが死ぬまで添い遂げるという、うるわしい例もあります。しかしその彼らにしても浮気しないという保証は……ない）。

ともあれ、巣材を見つけに行くと言っては浮気。エサ探しに行くと言っては浮気。しかし、メスとしてはそれぞれの子の父親が誰であれ、巣の中にいる子はすべて自分の子です。片やオスの場合には、巣の中にたいていは我が子ではない子が含まれていることになります。

鳥の場合、赤血球に核があるという特徴があり、核にはDNAが含まれている。そのため血をほんのちょっと採取するだけで、ヒナの本当の父親が誰であるかを調べることができます。これをDNAフィンガープリント法と言い、一九八〇年代後半から九〇年代前半にかけて、この方法を使っておびただしい数の鳥の浮気の研究がなされ、彼らの驚きの実態が露わにされてきました。

これから紹介するオオジュリンは、オスが、自分たちの巣の中にどれほど我が子ではない子がいるかを推測。それに基づき、いかにムダな投資を控えるかを追求していることがわかった例です。オスは、ただただメスに騙されるだけの存在ではないはずなのです。

オオジュリンはアフリカ北部からユーラシア大陸、日本にかけてすんでいる、ホオジロに近い鳥です。河川敷、湖や沼の近くの草原や湿原で、草の根元付近に枯れ草を集め、お椀型の巣をつくります。

一夫一妻、または一夫二妻の婚姻形態なのですが、それはあくまで形式。オスもメスも浮気に情熱を傾けていることは言うまでもありません。

イギリス、レイチェスター大学のアンドリュー・ディクソンらがある研究地で、DNAフィンガープリント法を使って調べたところ、五八の巣のうち、一羽でも浮気の子が混じっているのは五〇にものぼりました（八六%）。またヒナ二一六羽のうちでは、一一八羽（五五%）が浮気の子だったのです。

妻が二羽いるあるオス（彼をAと呼びましょう）の場合を見てみると、一方の妻が産んだ三羽は何とすべて浮気の子でした。巣の近所にはB、C、D、Eの四羽のオスがいるのですが、三羽のうち二羽はEの子で、一羽はBの子だったのです。

もう一方の妻は六羽産んでいますが、四羽はちゃんとダンナであるAの子。しかし残り二羽についてはどちらもBの子でした。

二人の妻が産んだ浮気の子の父親はBとEのみで、どうやらご近所にも浮気のご指名がよくかかるオスと、そうでないオスがいるようです。

では、こんなふうに我が子と、メスの浮気の子が混じっている場合、オスとしてはどんな対策を講じているのでしょうか。

「怪しい」データを収集

ディクソンらはペア一三組について、ヒナが孵った日から八日間、直接の観察とビデオカメラに録画した映像でオスの行動を分析しました。

オオジュリンのオス

巣のなかで育つオオジュリンのヒナたち

するとどうやら、オスは我が子と他人の子を区別することはできていない様子です。特定の子をひいきしているわけでもなく、特定の子に冷たいわけでもない。どの子にも同じように接しているのです。

ところがオスには、こんな信じられない能力がありました。浮気の子どもがどれほど混じっているかを察知。それに応じて、〝育児放棄〟する。巣の中にいる子が我が子でない度合いが高い場合ほど、全体的にエサやりの頻度が低いのです。実際、オスのエサやりの手抜き加減は、ディクソンらがDNAフィンガープリント法を用いて調べた、巣の中に浮気の子がどれほどいるかという割合と驚くほど一致していたのです。

もちろん、メスにはそんな現象は見られません。そもそもそんなことをする必要がないことはこれまで述べてきた通りです。

オスはいったいどういう方法で、巣のなかに我が子ではない子が含まれている割合を推し量ることができるのでしょう。

その謎を解くヒントを与えてくれるのは、ヨーロッパカヤクグリという鳥の例でしょう。彼らの婚姻形態は実に様々で、一夫一妻、一夫二妻、そしてときにオス二羽とメス一羽がトリオをなして繁殖することがあります。

このトリオの場合に、巣の中にいる子どものうち、自分の子がどれくらいいるかをそれぞれのオスが推測する方法。それが「確率」によるもの。自分がもう一方のオスと比べ、いかにメスと交尾したか。その情報を彼らは得ます。メスは他でこっそり浮気しているのではなく、堂々と交尾するのだから、その情報は簡単に手に入れることができます。そうして自分ではなく、もう一方のオスの方がよく交尾し、彼の子の割合が高いと思われるときほどエサやりの手抜きをするのです。

では、オオジュリンの場合、オスは巣の中に我が子ではない子がどれほど含まれているかをどうやって推定するのか。彼らは、ヨーロッパカヤクグリのトリオのように、簡単にライヴァルの行動が把握できるわけではありません。いったいどんな情報を利用するのか？

それが、メスの怪しい行動。卵の受精の確率が高い時期に、彼女が自分に隠れてどれほど秘密の行動をとっていたかということ。怪しさ、イコール浮気の可能性なのです。

オスはそんな複雑な情報を、随分長い期間にわたって記憶することができるというわけなのです。

鳥の子育てについて、もう少し見てみましょう。

猛禽類のワシやタカ、ハヤブサなどはオスとメスのつがいが広い縄張りを持っています。

たとえばハヤブサはヒナを育てている途中でつがいのどちらかが死ぬなどしていなくなると、すぐさま代わりがやってくるのですが、継父（あるいは継母）は義理の子にあたるヒナをいじめることはありません。それどころか実の親のように振る舞います。

鳥によってはこういう場合、ヒナにエサを与えず、結果として彼らを殺し、自分との間で繁殖をやり直させる場合もあります。これまで見てきた〝子殺し〟のパターンです。ところがハヤブサはそうしません。なぜなのか？

それは、殺しても意味がないから。その繁殖シーズンには繁殖のやり直しはきかないからというのがまず一つ目の理由です。そしてもう一つには、とにかくその縄張りの主の一方という貴重なポジションを得たことが重要で、繁殖については来シーズンに期待すればよいからです。

こういうふうにゆっくり構える戦略が成り立つのは、猛禽類の寿命が長いからでしょう。

「ヘルパーさん」の下心

鳥の世界ではヘルパーと呼ばれる存在がいて、つがいのヒナの世話をすることがあります。オスである場合が多く、時にもう一羽、いることもあります。

ヒメヤマセミには時々、第一ヘルパーと第二ヘルパーがいます。第一ヘルパーはつがいが前の繁殖シーズンにつくった息子。自分の縄張りを構えることができず、遊んでいても仕方ないので親の繁殖の手伝いをしているというわけです。

第二ヘルパーは、つがいとは血縁のないオス。

彼はヒナにエサ（魚）を与える意志を示しますが、何しろ他人ゆえ、初めはつがいに冷たくあしらわれます。しかし親と第一ヘルパーだけでは魚を十分にとらえてくることができず、もっと〝人手〟が必要なときには、「やっぱり手伝ってもらおうかしら」ということになり、受け入れられるのです。もっとも、彼がヒナに与える魚は随分小ぶりです。どうやら大きな魚を捕まえたときには自分で食べ、小さいときにはヒナに与えるという、せこい振る舞いをしている模様。

片や、第一ヘルパーの場合には、ヒナは自分にとっての血縁者です。陰で小細工はせず、ちゃんと大きな魚を与えています。

それにしても第二ヘルパーは、なぜ血縁のないヒナに、手抜き気味とはいえ尽くすことができるのでしょう？　何かわけがあるはずです。

このオス。実は後釜狙いなのです。つがいのオスが死んだときなどには、メスがこの第二ヘルパーとつがいになることが結構あるのです。第一ヘルパーは息子なのでつがいにはなれないけれども、第二ヘルパーは他人なので問題ないというわけ。

ドイツ、マックス・プランク研究所のH・U・レイヤーの研究によると、第二ヘルパー一九羽のうち、一五羽は翌年にもその場所に居座りました。そしてこの一五羽のうち何と七羽は、前年に手伝いをしていた巣の女主人の亭主の座に収まったのです。

さらに、こうした現象は、前年のオスが生きている場合にさえ起きていました（七例中三例）。メスが夫よりも第二ヘルパーを選んだのです。

似たような行動をサバンナにすむ多くのヒヒのオスがとることが知られています。彼らは時々、これぞと思ったメスが抱いている子にやたらと興味を示し、せっせと世話をやく場合があります。その子はおそらく自分の子ではありません。

ではどうしてそんなに熱心に、「優しいオジちゃん」を演じることにしているのか。

もちろん下心があってのこと。そのメスと子どもによい印象を与えておけば、彼女が次に発情したときに、交尾の優先権が得られるというわけなのです。

ヘルパーや「優しいオジちゃん」の存在は、ここまでお話ししてきた育児放棄や子殺しやキョウダイ殺しなどとは違い、一見ほっとさせられる話です。しかしその背景にあるのは、やはりいかにして自分の遺伝子のコピーをよく残すかという論理であることを改めて知らされるでしょう。

「母親スイッチ」は人間の願望

ここまで紹介してきた動物は、他人の遺伝子ではなく、自分の遺伝子のコピーをいかに残すかということを、それぞれに追求しています。

メスの場合、ときに自分の産んだ子の一部、あるいは一度の妊娠、出産分をなかったことにするという究極の選択を下したとしても、それはよりよい次の繁殖のために備えることを意味していました。動物によって、そのやり方が少しずつ違っているだけのことです。

二頭のうち一頭だけを選んで育てるパンダ。二〇～四〇頭生まれたなかから、乳首競走に勝った四頭だけを育てるタスマニアデビル……。

オスでは、ハヌマンラングールやライオンなどの例がよくわかる形で示しています。できる限り早く自分の子を得るために、狙ったメスたちの乳飲み子を皆殺しにする……。さらに自分の子を確実に得ようと、こまめな交尾をするタガメやコオイムシ、それどころか自分の身体を改造して自分で自分の子を育てるという行動に出たタツノオトシゴの例もありました。その仲間のガルフ・パイプフィッシュに至っては、交尾したメスを本当に気に入っていなければ、〝孵化〟前の育児嚢の卵の一部を〝中絶〟するという芸当も持ち合わせていたのです。

二〇一二年七月、上野動物園のシンシンが出産して授乳を始めると「うまく『母親スイッチ』が入った」、さらにシンシンが赤ちゃんから手を離すと「食事に夢中になって、一時的に『母親スイッチ』が切れた」という説明がなされました。

このコメントはそのままテレビや新聞で大きく取り上げられたので、ご記憶の方も多いことでしょう。

ただ、それは違うのではないか、と私は違和感を抱きました。

人間の場合、「子どもなんて興味なかったのに、生まれたら、何とかわいいことか。母性（父性）が目覚めた」といったことを言う人がよくいます。そうした考えになじんでいる私たちにとって「母親スイッチ」というのはとてもわかりやすい説明ではあります。

しかし、そうした遺伝的プログラムがあって、入ったり切れたりするなどということはありえません。メスもオスも、それぞれに、自らの遺伝子のコピーを残そうと力を尽くしているだけなのです。

ちなみに既にお気づきかと思いますが、動物が自分の遺伝子のコピーを増やす場合に、自分自身の子や孫という直系のルートに加え、キョウダイやイトコなどの傍系のルートもあると理解することが重要です。

自身に子がまったくいないという個体であったとしても、キョウダイやイトコの繁殖を手伝うことで、自分の遺伝子のコピーを十分に残していけると言うことができます。まだ縄張りを構えることができてはいない、ヒメヤマセミの第一ヘルパーのように。

では、人間はどうなのでしょう。人間も動物の一種である以上、当然のことながら自分の遺伝子のコピーをいかによく残すかという命題の下、行動しています。その点でここまで紹介してきたほ乳類や魚類、鳥類らと何ら変わるところはありません。

とすれば、我が子や他人の子に対する振る舞いについても、これらの動物と共通する部分が必ず見つかるに違いありません。

毎日のように世間を騒がす児童虐待や虐待致死の問題についても、いささか違った見方ができるのではないかと思えてくるのです。

しかし、動物たちと我々現代人をそのまま引き比べることはできません。彼らの世界には人間を縛るおカネも法律も国家もないのです。そこで次の章では両者をつなぐ存在として、独自の文化を持つ先住民の姿に迫っていくことにします。

第8章　先住民たちの虐待

南米アヨレオ族の掟

カナダ、マクマスター大学のマーティン・デイリーとマーゴ・ウィルソン。彼らは児童虐待について、進化論の立場から初めて本格的にメスを入れ、研究した人物です。

二人は学問の世界での同志であり、事実婚の関係にもありました。マーゴは残念ながら二〇〇九年に亡くなってしまいましたが、一九七〇年代後半から始めた児童虐待の研究の合間を縫って、先住民の研究にも取り組んでいました。世界各地の先住民に今なお見られる「嬰児《えいじ》殺し」と、それがどんな状況で起きるかについて分析したのです

現代のような倫理や制約、罰則のない社会で人はどのように振る舞うのか。それは現代社会での虐待や子殺しを考えるうえで大きなヒントを与えてくれるに違いありません。

そしてここが肝心なのですが、先住民の振る舞いは、どうしたら自分の遺伝子のコピ

ーがよく増えるのかを最大限追求する、という動物に共通する命題の下で、人間が長い時間をかけて進化させてきた心理に基づく行動であるということです。さらに肝心なことには、彼らの社会では、そういう行動を後押しするような文化や風習、掟《おきて》も同時に存在しているのです。

ここで一つ確認しておきたいのですが、「子殺し」という言葉は動物行動学では元々、同じ種の他人の子を殺すという意味でした。しかしこの言葉は、自分の遺伝子のコピーをいかに効率よく残すかという過程において、自分自身の子を殺すことも含めた「子を殺す」、の意味でも使うことができると私は考えています。

デイリーとウィルソンが注目したのは、アヨレオ族という、南米のボリビアとパラグアイの国境付近に住む先住民でした。

アヨレオ族は狩猟採集生活と焼畑農業を営んでおり、男は普通、妻の家族といっしょに住み、妻の父の権威の下に置かれます。と言っても、完全な母系制社会ではなく、「その他の伝統的粗放農耕民の社会よりもずっと父系制が弱い」そうです（『人が人を殺すとき――進化でその謎をとく』マーティン・デイリー＆マーゴ・ウィルソン著、長谷川眞理子・長谷川寿一訳、新思索社刊）。

しかし問題なのは、女が男と正式に結婚するまでの期間です。何人もの男と付き合ったり、同棲したりするのですが、その過程でできた子を、信じられないほどの確率で殺すのです。

ある女は一七歳から二二歳の間に六人の男と同棲し、生まれてきた三人の子を殺しました。二四歳のときにようやく正式に結婚すると、その後産んだ四人の子どもはちゃんと育てています。

また別の女は六人の子を殺した後に、四人の子に恵まれ、やはりちゃんと育てているのですが、最後の子は何と四五歳のときに産んでいました。

ちなみに彼女たちの出産は、次のような過程を踏みます。

出産が迫った女は森に入り、近親の女たちが立ち会う。彼女は枝の上に座るか、枝からぶら下がる格好でいきみ、子は水で柔らかくしてある地面に産み落とされる。

近くの地面にはあらかじめ穴が掘られており、もし子を殺すのであれば、人の手に触れないよう、棒で転がして穴に埋める。子を受け入れるのであれば、穴にはその子の胎盤が埋められる――。

つまり、先の二人の女性にはそれぞれ、三人と六人の、生まれたばかりの我が子を埋めた過去があるというわけなのです。なぜこんなにも多くの子を犠牲にした挙句、子を産み育て始めるのでしょうか。

どういう場合に子を殺すのかという問いに、女たちはこう答えました。

まず、父親から確実なサポートが得られそうにないとき。

正式な結婚相手ではない男との子どもを殺す理由は、ここにありました。しかし、それ以外の場合でも、次のような場合には殺すと答えています。

奇形児や双子が生まれたとき（双子の場合にはどちらかを殺す）。

そして、生まれた子が上の子と年が接近しすぎていて、もし育てるとすると上の子の生存が危うくなりそうなとき。

いずれにしても育てようとしても育てきれなさそうだとか、既に相当なところまで育った上の子の生存が危うくなりそうなとき、ということらしいのです。

この判断は当の女に委《ゆだ》ねられており、どう選択しても罰せられることはありません。その判断のための文化や風習、掟が存在しているのです。

生身の人間がすることだけにひたすら残酷に思えますが、これらの産んだ子を育てるかどうかの判断が、この本の前半に登場した動物たちの生態と一部で似ているということがわかります。

アヨレオ族では生まれたばかりの子を穴に埋めたことのない女はいないと言います。そして先の二人の女性のように、若いときほど子を殺す確率が高く、年をとるに従いその確率は減っていく。三九歳以上になると、まったく殺さなくなります。

若いときにはまだまだ繁殖のチャンスはいくらでも残されていて、人生をトータルで、いかに子を残すかという観点で考えればよい。その選択肢の中には、若くして産んだ子は将来の繁殖のために不利になるなどの理由で殺すことも大いにある。一方、年をとるにつれ、将来の繁殖のチャンスはだんだんと減っていきます。そうすると将来の繁殖のために、今生まれた子を殺すなどと言っている場合ではなくなり、次第に殺す確率は減っていくのです。

ともかく、このようなかなり衝撃的な例を知ったデイリーとウィルソンは、もっと多くの文化人類学のデータを利用し、分析してみることにしました。

子殺しが起きる三つの論点

彼らが注目したのは、アメリカの「人間関係地域ファイル」（HRAF）という機関がまとめた六〇の文化人類学的社会（文明化していない、文化人類学で扱う社会）についての情報です。六〇の社会は、この分野の大御所学者であるジョージ・ピーター・マードックが、世界各地からなるべく偏りのないよう選んだもの。デイリーとウィルソンは、それらの資料の中から「子殺しと中絶」についての項目を分析しました。

そうしてわかったのは、アヨレオ族は決して極端な例ではなく、ごく普通の社会であるということだったのです。

このファイルでは六〇の社会のうち、三九の社会で子殺しについて触れていて、子殺しが起きる具体的状況について記述があったのは三五の社会でした。デイリーとウィルソンはさらに、その三五の社会についてどういう状況で子殺しが起きるのかを検討してみたのです（ただし、この資料の中で、子殺しについての記述がない社会なら子殺しがないのか、と言うとそうではないでしょう）。

子殺しが起きる論点を、デイリーとウィルソンは三つに分類しました。

論点一　赤ん坊が男にとって、本当に自分の子かどうか
論点二　赤ん坊の質がどうか
論点三　現在の環境は、子育てにとって適切か

こうして並べてみると、論じられている内容はこの本の前半で見てきた動物たちの場合とやはり驚くほどの重なりがあることに気づかされます。

この三つの論点から子殺しのある社会について見ていきます。

まず「赤ん坊が男にとって、本当に自分の子かどうか」。この点について重視される社会は三五のうち二〇でした。さらに細かく「不倫での妊娠」「別の部族の子」「母親の前の夫の子」という状況に分けると、それぞれ次のような数の社会で子殺しがありました。

「不倫での妊娠」　15
「別の部族の子」　3
「母親の前の夫の子」　2

まず「不倫での妊娠」。男にとって、自分の子ではないとわかっている子を育てることは自分の遺伝子のコピーを残すうえで決定的に不利、どころかあってはならないことです。不倫の子とわかったなら当然、と言うべきでしょう。

二番目の「別の部族の子」は、女がそう認めたらではなく、赤ん坊の外見から、これは自分たちの部族の血を引いた子ではないなと男が主張した際に殺されるということです。

三番目の「母親の前の夫の子」を殺す社会とは、ヤノマミ（南米）とチコピア（オセアニア）の二つでした。その場合、男が妻にその子たちを殺せと要求するのです。

続く論点、「赤ん坊の質がどうか」。三五の社会のうち、この件が問題となって子殺しが起きると記されている社会は二一であり、理由は「奇形児、重病の子」だけでした。

デイリーとウィルソンはこの件について前掲書の中でこう明言しています。

「私たち自身の倫理的感情がどうであれ、生きる望みのない赤ん坊を拒否することは、適応的な（適応度上昇につながる）親の反応だと理解するべきである」

この「適応的な」と「適応度上昇につながる」という言葉ですが、私がよく使う、

「自分の遺伝子のコピーを増やすことにつながる」という言い回しとほぼ同じ意味ととらえてください。

生きる望みのない子の世話をしていたとしても、やがて命が尽きる。その子の世話をすることを拒否し、別の子を産み、育てる選択をする方が自分の遺伝子のコピーがよく増える。そうした直感的な考え、あるいは進化してきた心理に基づいて彼らは行動し、その後押しをする文化もつくられてきたということなのです。

先住民の社会では奇形児や重病の子は実際には「悪魔の子だ」、などという迷信に基づいて殺されます。が、人々は事の本質に薄々気づいているように思われます。

論点その三の、「現在の環境は、子育てにとって適切か」を見てみると、この論点で殺す状況が記述してある社会は、それぞれ次のような数となりました。一つの社会で複数の状況が存在する場合もあります。

双生児	14
未婚の母	14
早すぎる出産、または子が多すぎる	11

男性の支援が得られない　6
母親が死んだ場合　6
経済的困窮　3

「双生児」については、社会によってルールが違い、二番目に生まれた子を殺す場合もあれば、弱い方の子を殺す、あるいは女の子を殺すという場合があり、二人とも殺すという社会も二例ほどありました。

この場合にもまた、双子は悪魔の子だとか、不自然な妊娠によるのだという迷信によってたいていは一方を殺しますが、人々はやはりまた、そうしなければ双子が共倒れになりやすいということに気づいているようです。

実際、ある文化人類学者が、ここにあげたものとは別の七〇の先住民の社会での子殺しについて、女の母親や親族などがそばにいてサポートが得られるかどうかという点に注目して調べました。すると、母親が周りからサポートを得られにくい三七の社会では半数弱にあたる一六の社会で双子を殺す風習が見られました。片や、サポートを得られやすい三三の社会では、その風習はたった二つの社会にしかなかったのです。それらの社会では周りからのサポートによって、双子も育て上げられるということがわかっているのです。

「未婚の母」の子殺しの動機については既に述べている通り、相手の男からのサポートが得られず、子を育て上げることが難しいから。そして、たとえ育て上げたとしても、デイリーとウィルソン曰く、「将来、正式に結婚するにあたって、子どもはじゃまになるだろう」ということなのです。

上の子との「出産間隔が短い」ことや、子を産んだ結果、「子が多すぎる」状態になってしまうことは、既にいるある程度育った子の生存を危うくする。だから殺す。間引きです。

ちなみに狩猟採集生活をするような社会では、女は三年くらいの間、子に授乳します。授乳していると、赤ちゃんが乳首に吸いつくという刺激によってプロラクチンというホルモンが分泌される。このホルモンによって乳がつくられるわけですが、その一方で頻繁に授乳している限り、このホルモンによって排卵が抑制されて次の子はできにくくなる。

この「頻繁」が、どれほど頻繁であればよいのかというと、たとえば一日に五回未満の授乳では、排卵の抑制効果は薄く、五回以上でだいたい抑制されるとのこと（『月経のはなし』武谷雄二著、中央公論新社刊）。母乳の出がよくなかったり、授乳のリズムが乱れ、この抑制がきかなくなったときに、上の子と接近して下の子ができてしまうのです。

「男性からの支援が得られない」「子の母親が死んでしまった」「経済的に困っている」……は、いずれも子が育ちにくい状況であり、やはり仕方のないことかもしれません。

この他に、たとえば近親相姦の結果の子、単に女の子であるという理由で殺す社会もありました。

人間が回避したリスク

せっかく産んだ子を殺すことになってしまう状況は、人間も他の動物も似ていると言えます。ただし、先住民の社会と子殺しの実態について触れる際には、人間ならではの事情もあるということを知っておいた方がいいでしょう。

まずは子殺しについて、人間だけが回避できたリスクがあります。

人間の男が、自分の子ではない乳飲み子を抱えた女と結婚、あるいは同居したとする。これと同じ状況がハヌマンラングールで発生したなら、すぐさま子殺しが起きてしまいます。しかし、人間の男はまず子殺しをしません。それは、女が子に乳を与えていても〝発情〟することができて、交尾ができるから。ならば、何も子を殺すなどという強硬手段に訴える必要はないというわけです。

実はこのように、乳飲み子がいるのに交尾ができるという生理的な仕組みを持っている点で、人間の女は、ほ乳類として画期的な存在なのです。

これだけでも十分凄いことなのに、先に述べたように女は子にちゃんと乳を与えていれば排卵しにくくなっている。頻繁な授乳が終わるまでの期間には新しい相手との間に子はできにくい仕組みになっているのです。

人間では、ハヌマンラングールのような悲劇は起こらないシステムが進化している。素晴らしいではありませんか！

とはいえそれでもなお、人間が虐待や子殺しと無縁でないのはご存じの通りです。男にとっては我が子ではないとわかっている子を育てていくことにやはり無理がある。先住民の社会でも現代の社会でも、再婚や内縁関係などの新たな生活が始まってしばらくたつと男による虐待や子殺しが起きてしまうことがあるのです。

人間は元々狩猟採集生活を送っていました。その頃から一夫一妻制、または一夫一妻に一夫多妻が少し混じった、緩やかな一夫多妻制の結婚の形をとるようになったと考えられています。男と女はいっしょに住み、協力する。一夫一妻の鳥などを別とすれば、人間は男と女が、役割分担はあるにせよ、力をあわせて子どもを育てていくというのが特徴です。

さらに国家がつくられ、法律が整うと、結婚も法律の下に置かれるようになりました。結婚は、男と女の協力関係を広く知らしめ、当の男女にとっても、子どもにとっても関係を保障するものになりました。ただし、この関係は危い部分も同時に抱えていて、どちらかが死んだり、家庭の外に秘めた関係を持ったりといったことから生活は一気に揺らぎ始めてしまう。だから、夫に先立たれたり離婚した若い女が、新しい夫と子連れで再婚するのは自然な流れということになります。その際、子どもたちがまだ小さくて自立するまでには成長していないということが人間ならではの事情です。この点で人間は他の動物に比べて子殺しや虐待につながりやすいリスクを抱えていると言えると思います。

先住民の社会では子殺しの研究はあっても、虐待についての研究はほとんどありません。貴重な一つの例は、南米パラグアイの狩猟採集民、アチェ族についてのものです。彼らの社会では、実の両親に育てられた子の一五歳までの死亡率が一九％であるのに対し、実母と継父によって育てられた場合には四三％にも達しました。

継父が継子に日常的に暴力を振るっている、病気で苦しんでいる彼（彼女）を放っておく、あるいは今一つ十分に食べ物を与えない、などという要素が積み重なり、こんな大きな差となって現れるのでしょう。

次の章では先住民社会で実際に何が起きているのか、という具体的な例を見て行きたいと思います。

第9章　赤ちゃんか、〝精霊〟か

むき出しの好戦的民族

ブラジルとベネズエラとの国境付近にすむヤノマミは、世界一好戦的な部族と言われます。深い森の中に突然、シャボノと呼ばれる巨大な住居が現れる。空から見ると中庭のあるドーナツ型のその建物には、一〇〇人から二〇〇人が暮らしている。

シャボノどうしは、大人が歩いて一日かかるくらいの距離があり、それは隣の集落の連中から不意打ちを食らわされないための仕組みであるという。「大人が歩いて」と言っても、彼らの脚の速さは我々の想像をはるかに超えているので、時に一〇〇キロメートルも離れていたりします。

なぜ戦争をするのかと彼らに問うと、「決まっているじゃないか、女さ」と言う。女を略奪するために戦争をし、大人の男の死亡原因の三分の一は戦死である……。

これが、私がこれまで持っていたヤノマミについての知識です。一九六〇年代からこの部族について研究しているナポレオン・シャノンというアメリカの文化人類学者の著作から情報を得ていました。

しかしヤノマミについては最近、大分様子が違ってきているようです。女を巡って集落の内や集落間で男が暴力的なケンカをすることはあっても、戦争と呼べるようなものはおそらく八〇年代を最後にほとんど行なわれていないのです。

ブラジルではヤノマミ族保護区が一九九二年につくられ、その後、各集落の近くには先住民担当機関（FUNAI）の駐在員が滞在したり、保健所が建てられたりしました。保護区には二万五〇〇〇～三万人のヤノマミが暮らし、集落は二〇〇以上に及んでいるのです。

そのヤノマミに、こんなむき出しの、人間本来の行動がまだ残っていることを、二〇〇九年にNHKで放映されたドキュメンタリー、「ヤノマミ～奥アマゾン 原初の森に生きる～」を見て知りました。

私は、それを見ただけでもう身震いがおさまらないほどの衝撃を受けました。計一五〇日にもわたって彼らと生活をともにした番組のスタッフたちともなると、精神的に崩壊寸前の状態になったのだといいます。

番組のディレクターの国分拓《こくぶんひろむ》さんの著書、『ヤノマミ』（NHK出版刊）には、放映できなかった場面も含めたヤノマミの姿が語られています。

国分さんらが滞在したのは、住民自らが「ワトリキ」（「風の地」の意）と呼ぶ集落。文明との接触もまだ日が浅く、ヤノマミの伝統がかなり残されています。

男は森へ狩りに出かける。女も森にキノコや薪を集めに出かけるのですが、一方で焼畑農業も営んでいて、タロイモやバナナ、パパイア、サトウキビなどを栽培している。狩猟採集生活に初期の農業が加わった形です。

シャボノには、家族ごとに囲炉裏《いろり》があるとはいえ、隣の家族とを仕切る壁はまったくありません。中庭との間にも仕切りがない。

ワトリキには三八の囲炉裏があり、一六七人が暮らしていました。婚姻の七割近くは、このワトリキ内で行なわれるとのことですが、こんなプライバシーのないすまいなので、かなり乱婚的な部分があります。ときどき父親のわからない子が生まれ、不義密通も日常茶飯事です。

不義密通がばれると男には制裁がくだされますが、不思議なことに女の方はおとがめなし。間男《まおとこ》だけが一定のルールの下、制裁を受けます。寝取られ男とその兄弟から、「殺さぬ程度」の暴力を振るわれ、この間彼は抵抗してはならないことになっているのです。

間男に妻がいる場合には、この制裁のうえに、普段はすることがない畑仕事を手伝わされ、彼女の機嫌をとらなくてはなりません。おそらく男にとって屈辱的な、何ヵ月かの労働の後、ようやく許しを得ることができるのです。

国分さんたちが何より恐れていたのは、「ナプ」という言葉でした。

先住民によくあることなのですが、彼らが自分たちを指す言葉であり、部族名でもある「ヤノマミ」とは、実は人間を意味します。だからヤノマミ以外は人間ではないということになる。「ナプ」とは、良くて「ヤノマミ以外の人間」の意、悪くて「人間以下の存在」というニュアンスを含んでいるのです。

彼らが「ナプ」にこんな意味あいを持たせているのは、一つには次のような理由があるからでしょう。何しろポルトガル人のナプが、彼らの祖先を虐殺し、本来南米にはなかった、天然痘やはしかなどの病原体を持ち込んだ。主にそうした伝染病のために、人口が五〇〇年で二〇分の一以下にまで減ってしまった。

まさにナプさえいなければ、なのです。

そんなわけで病人が出たのは今いるナプのせいだ、天気が悪いのもナプのせいだ、などと言われているような気配を感じながら、国分さんらは命がけの日々を過ごし、やがて住民の信頼を得ました。そんなある時、ふと気がつくのです。

ワトリキには年子《としご》がいない、キョウダイは三歳以上年が離れている。そうすると、もしかして……。ということで、放送で大反響を呼んだ、一四歳の少女の出産とその後の展開となるわけです。

少女の下した決断

少女はどうやら、ワトリキで年一回催される最大の祭りの際に、高ぶる感情のままに複数の男と交わり、父親のわからない子を身ごもった模様です。

彼らの考えによれば妊娠とは、まず精霊に由来する精子が女の体に入り、さらに別の精霊が女の生殖器にすみつくことによって成り立つ。だから胎児も出産直後の赤ちゃんもまだ精霊の状態ということになります。

出産は森で、女だけの立ち会いの下に行なわれる。生まれた赤ちゃんは母親に抱き上げられて初めて「人間」になり、抱き上げないときには「精霊」として天に返すことになる。

人間にするか精霊のまま天に返すかは、母親である少女の判断に任される。理由については問われません。

二日にもわたる陣痛の末に産んだ〝精霊〟を、少女はとうとう抱き上げませんでした。彼女の母親が〝精霊〟をうつ伏せにすると少女は右足で背中を踏みつけ、両手を首に回しました。その様子を大勢の女が遠巻きに見守っています。

こうして殺された〝精霊〟は、ラグビーボールのような形をしたシロアリの巣を切り裂いて埋め込まれ、シロアリの餌食となる。三週間ほどしてほぼ食べつくされると巣に火が放たれるのです。

この少女の場合、父親が誰であるかがわからず、養育、特に狩りの獲物を持って来てくれる男がおらず、子を産んでもちゃんと育つ見込みのない状況でした。精霊として天に返したのは、彼女の社会ではまっとうな判断ということになるのでしょう。

しかしちゃんとした夫婦であっても、生まれてきた子を精霊とする場合もあります。だからこそ年子がおらず、キョウダイは三歳以上間隔があいている。これもそれぞれの子を確実に育てあげるためでしょう。

不義の子であることがわかっている場合にも精霊となることが多いということです。

取材当時、ワトリキでは毎年二〇人くらいの子が生まれていて、そのうちの何と半分以上が天に返されていたのだと言います。とはいえこれは近くに保健所ができてからの話。

それ以前には、新生児が病気などで死ぬ確率が三〇%を超えており、人間と認められても新生児の三人に一人は命を落としていました。保健所ができてからは、新生児の死亡率は二%を切るまでに減ったのです。

どうやら皮肉にも、新生児として死亡するケースが減った分、精霊として天に返すケースが増えたのではないかと国分さんは推測しているのです。

我々のものの見方からすれば、ヤノマミの振る舞いは身震いのおさまらないほど衝撃的で残酷なものです。しかし少なくとも彼らの持つルール、掟は、彼らの社会にとってはとても理にかなっているといえます。生まれたばかりの赤ちゃんを「人間」か「精霊」かに分ける判断は母親自身が下し、他者は介在しない。そして、たとえ精霊と判断しても誰も非難しない。こういう掟があれば、子殺しについて、人々が余計な苦しみを味わわずに済むわけで、そのための智恵となっているのです。

このあたりについては前の章のアヨレオ族などの風習とほぼ同じでしょう。もしこのような選択肢がなく、かの少女が義務として子を育てなければならなくなったとする。彼女は生活の苦しさから、子育てを放棄するかもしれません。あるいは子を連れて結婚したとしても、その子は結婚相手から虐待を受けることにもなりかねない。子を精霊とみなすことは、そのような悲劇をもっと早い段階で防ぐための優れた仕組みと言うこともできるのです。

そしてもし母親が、生まれてきた子を人間としてきちんと認めたうえで育てるとしたら、それはただ生まれてきたので育てなければならないという場合とはまったく意味が違います。十分な責任と愛情を持った子育てとなるのです。

スティングと日本人支援家

アマゾンの先住民と接して二〇年あまりにもなる南研子《けんこ》さんにお話をうかがいました。特定非営利活動法人「熱帯森林保護団体」（ＲＦＪ）を立ち上げ、代表を務めている方です。

南さんとアマゾンの出会いは一九八九年、イギリスのミュージシャン、スティングが日本を訪れたことにあります。世界的人気を誇るロックバンド、「ザ・ポリス」のヴォーカル兼ベーシストであり、当時ソロ活動中だった彼は「アマゾンを守ろう」というキャンペーンのためにワールドツアーの一環で来日したのです。スティングの来日中、南さんは彼と、彼に同行していたインディオのカリスマ的族長らの活動をボランティア・スタッフとして支え、その経験からこの活動に本格的にのめりこんだそうです。

実際にアマゾンに赴いたのは九二年からで、以後先住民のための学校をつくったり、日本の企業から船のモーターや車の寄付をつのるなどの支援活動を続けています。その模様は『アマゾン、インディオからの伝言』（ほんの木刊）等の著書にまとめられています。

アマゾン訪問は回数にして二六回、滞在日数は二〇〇〇日を超えるとのこと。二〇一二年も一〇月下旬に現地へ旅立っています。

南さんが主に接しているのは、アマゾン川の支流のシングー川流域の十数部族。ブラジル政府から、「シングー・インディオ国立公園」という、先住民保護区として認められた地域にすんでいる人々です。この地域はアマゾン本流の南側にあり、ベネズエラとの国境付近にすむブラジルのヤノマミとは、この大河をはさんで反対側に位置していることになります。

現地での滞在中に、南さん自身が見聞きした貴重な話を紹介しましょう。彼らの結婚、出産、子育てはどうなっているのか。

ただし、南さんは研究者ではないので、体系的に話を聞いているわけではありません。あくまでこういう例を知っている、こういうことを見た、聞いた、という形に留まっています。しかしこれこそが逆に、文化人類学者が陥りやすいワナにはまることなく、真実を確実に知ることができる方法なのです。

ちょっと脇道にそれますが、その〝ワナ〟とはどのようなものか。このような有名な先住民の元へは、世界中から文化人類学者が聞き取り調査に来ています。しかし中にはただただ知りたい、学会や論文で発表して自分の学者としての実績をつくりたいというだけの理由の人もいる。そして短い期間しか滞在せず、彼らと苦楽をともにすることもない。それでいてかなりしつこく、あれこれと聞いてくる。

そういう点を先住民たちはしっかりと見ている。どんなに偉い学者であろうがなかろうが、関係ない。どれほどの人物かで判断する。そうしてときにはからかって、まったくのウソを教えることもあるのです。

一番有名な例が、アメリカ、コロンビア大学の若い女子大学院生だった、マーガレット・ミードです。彼女は一九二五年からポリネシアのサモア諸島に滞在して、少女たちに性についての聞き取り調査をしたのですが、その期間はわずかで、現地の言葉も片言程度でした。

研究は、『サモアの思春期』（邦訳一九七六年刊行）という一般向けの本にまでなり、大絶賛を浴びたのですが、後に少女たち（と言っても、その頃にはもはやいい年になっていた）が、まったくのウソをついていたと証言したのです。

ミードには初めから、こうあって欲しい、こういう結果になればいいのにという強烈な思い込みがありました。質問の端々からそれらの意図をくみ取った少女たちが、うまく話をあわせたということらしいのです。

この本では、若者の逢い引きや駆け落ちがごく普通のことであり、処女を射止めたことのない男が笑い者になるなどと記されているものの、実際にはサモアでは性はそれほど大らかというわけではなかったのです。

ここまでひどくはないにしろ、文化人類学の研究には大なり小なりこういう問題点が含まれるということを知っておいた方がいいでしょう。

ではは日本人支援家、南研子さんの見た、十数部族の生活はどのようなものだったのでしょう。

母系制社会で女が離婚すると……

先のヤノマミと同じく、彼らも狩猟採集と焼畑農業を組み合わせて生活をしています。言葉は部族ごとにまったくというほどに違います。南さんによれば、言葉がまったく違うのは敢えてであり、スパイのような人物を介入させないためではないかということでした。部族ごとに存在する集落も、そう簡単には行き来できないほど距離が離れています。

ただヤノマミとも現代社会に暮らす我々の大多数とも違うのは、部族がすべて母系制の社会であるということ。

母系制と言っても、社会のリーダーが女であるわけではありません（とはいえ実は女が陰で実権を握っている）。結婚のあり方、家の構え方が母方の血縁を基本としているということです。ともかくこの社会のありようが、彼らの結婚、出産、育児にどんな影響を与えているのか。

「シングー川流域の部族の結婚は、恋愛によるものもあれば、許嫁《いいなずけ》によるものもあります。母系制社会なので〝婿殿〟を迎え入れるわけですが、それはたいてい同じ部族内から。しかし、あまりに血が濃くなってはいけないと、時々は他の部族からスカウトしてきます。その場合、婿殿は初めのうちは言葉がまったくわからず苦労します。

結婚に際して、男は結納の品にあたる、貴重な貝の首飾りを女に贈ります。そして結婚の儀式を執り行います。

一夫一妻も一夫多妻もありますが、後者の場合、妻どうしが姉妹であるとか、血縁がなくても彼女たちの年齢を離すなど、それぞれに違う役割をもたせるようにし、いさかいが起きないよう配慮がなされているのが特徴的です」（南さん）

そして母系制社会でありながら、出産の際にはなぜか男が立ち会うのだそうです。夫や、夫婦の年長の息子などの身内です。もっとも男だけでは頼りないので、お産婆さん役の女が付き添う場合もあります。

では彼らの社会で、子殺しはあるのでしょうか。

「双子が生まれた場合、ある部族では両方とも殺すことが知られています。双子の一方は『聖なる者』で、もう一方が『魔の者』とされているのですが、どちらがどっちなのか区別がつかないので両方とも殺してしまうのです。

もちろん当の母親の心が痛まないはずはなく、ある母親は供養のために、双子のそれぞれを模した、ヤシの実を二つに裂いたものを首飾りとしていました」（南さん）

間引きがあると推測される例もあったそうです。

八人も続けて女の子を産んだ女が、もう女の子はいらないと（何しろ母系制社会であるので）埋めようとした——しかしこの時、隣のオバさんが「それなら私が育てる」と申し出たのだそうです。

望まない子を妊娠した場合に、中絶の方法があるのかどうか。気になったので、その点について確認すると、「中絶のための薬草が存在する」とのことでした。

生まれた子どもに障害がある場合はどうでしょうか。

南さんは、シングー川流域において歩けない人物は見たことがなく、その点では何らかの〝淘汰〟がなされているのかもしれないとも話しています。

一方で、たとえばザル作りの名人が知的障害者であったり、目の不自由な人が、その発達させた嗅覚によって二キロも先に獲物がいるぞと知らせてくれたりもするそう。となると、障害のあるなしが、生まれた子どもを育てるかどうかに直結しているとは必ずしも言えないと考えられます。

では、ダンナの子ではない子が生まれた場合にはどうするのか。

「ダンナは笑ってその子を育てます。彼もよそで同じようなことをしているかもしれないし、そもそも周りは妻の親族だらけ。笑うしかないのでしょう」（南さん）

では夫婦が離婚した場合はどうなるか。ここで、周りが妻の親族だらけという状況が本領を発揮します。母系制社会なので、女は離婚によって夫を追い出しますが、子育ては自然と周りがサポートしてくれるのです。

これらの部族では、直径五〇〇メートルくらいの範囲に部族の全員（たとえば五〇〇人くらい）が血縁ごとにマローカと呼ばれる、かやぶきならぬ、ヤシぶきの家にすんでいる。集落は一つの生命体であり、子はその一員として認識されているというのです。だから、女が新しい夫を迎え、彼が子にとっての継父となっても子がいじめられることはありません。

一方、元夫は同じ集落にいて、顔を合わせることもしょっちゅうですが、特に確執があるわけではないようです。

そもそも社会が母系制であると、争いが少なく、穏やかなものとなる傾向があります。父系制であると、たとえば妻が産んだ子がはたして自分の子かどうかと夫は疑い、それは夫の一族全体の問題ともなりますが、母系制ならそんな問題はないのです。

女が産んだ子は、絶対にその女の子。子の父が夫であろうがなかろうが、その女の子ども。一族全体から見ても、紛れもなく一族のメンバーであるのです。

シングー川流域の部族のこういう状況について、前の章であげたデイリーとウィルソンの三つの論点で考えてみましょう。

論点一　赤ん坊が男にとって、本当に自分の子かどうか
論点二　赤ん坊の質がどうか
論点三　現在の環境は、子育てにとって適切か

シングー川流域の母系制社会では何と論点一、そして三をあらかじめ見事にクリアできる仕組みになっていると考えられるのです。論点二についても、障害のある人が見か

けられる様子から、生まれたときに何らかの異変が見られたからといってすべての子を殺すわけではないと考えられます。

こうしてみると母系制社会は人々が暮らすうえで、また子が成長するうえで、理想的な面が多いと言えるでしょう。

ほ乳類の社会は、母と子の結びつきが強いので母系制であることが基本です。にも拘らず、人間の社会は父系制であることが圧倒的です。母系制は、南さんが出かけていくアマゾンの奥地や太平洋の島々といった、他とかけ離れたごく限られた地域にしか存在しません。

それはなぜなのか。残念ながら母系制社会には一つの問題点があるのです。他の部族との争いに弱いということでした。

母系制社会 vs.父系制社会

戦うのは、もちろん男たちです。その男たちが、母系制社会ではいわばお婿さん連合となり、基本的に血縁関係がありません。片や父系制社会では、男たちに血縁関係がある。父と息子、兄弟、従兄弟やオジと甥といった者たちの連合です。

両タイプの集団が戦ったら、どちらがより結束がかたく、勇敢に戦うのか。言うまでもなく、男たちに血縁関係がある方です。

そのようなわけで母系制社会をつくっていると、父系制社会の集団に滅ぼされやすい。こうして母系制社会は滅ぼされていったか、そうなる前に父系制にシフトしていったはずです。今の時代にまだ少しだけ母系制の社会が存在しているのは、そこが他の部族が領土として魅力を感じないような、よほどの辺境の地だからということになるでしょう。

しかしながら母系制社会には、繰り返しとなりますが、人が暮らし、子を育てるうえで実に多くのメリットがあります。

若い女が未婚のまま父親のわからない子を身ごもり、出産しても、その子は一族の子に変わりがないということで一族が育ててくれます。女が子連れで離婚しても、出て行くのは男の方なので、子はやはり一族の者たちに保護される。女が子連れで再婚、または事実上の再婚をした際に、子が継父や内縁の夫から虐待される、といった問題も女の一族の監視の目があるためにほとんど発生しません。

女がもしダンナの子ではない子を産んでも、これもまた一族の子であることに変わりがなく、歓迎される。ダンナとしては腹立たしく、地団太を踏んだとしても、妻の一族に押し切られる形になります。

嫁と姑《しゅうとめ》の確執、小姑《こじゅうと》による嫁いじめも父系制社会であればこそ発生するものです。母系制社会で目に浮かぶことといえば、婿入りした男たちが「お互い、女房には尻に敷かれっぱなしだね」などと慰めあい、酒を酌み交わす光景くらいのものです。

こんなふうに母系制社会の優れた点の数々を目の当たりにすると、何とか母系制社会に回帰する道はないものか、現代はもはや男が生身で、それも部族どうしなどで戦争をする時代ではないのだから、と考えたくなってしまうのです。

第10章　母親たちは進化したか

児童虐待はいつ「罪」になったか

たとえ自分の子であっても、手をかけることは許されない。すべての子どもは責任を持って健《すこ》やかに育てられなければならない。私たちにとっての常識です。先住民と現代に生きる我々とで最も大きく違う、この価値の転換はいつ起きたのでしょうか。

日本の場合は少なくとも戦前から「児童虐待防止法」がありました（一九三三年成立）。しかしこの頃、問題となっていたのは身売りや欠食（家庭が貧しく、子どもが十分な食べ物を与えられていないこと）で、今の時代に言う児童虐待とかなり意味が違います。さらに、子どもに危険な曲芸をさせることや人々の見世物にするという、今ではありえないようなことも問題となっていました。

戦後になると、児童虐待防止法の内容は、児童福祉法（一九四七年成立）に受け継がれます。一八歳未満の児童の福祉を守るというもので、虐待を発見したら通告をする義務があること、児童相談所による立ち入り調査、保護者の同意を得ずに子どもの身柄を保護することなどが盛り込まれました。ただ、大事に至る前に虐待を発見するためにぜひ必要な通告ですが、その義務が盛り込まれたことは一般に知られることがなかったのです。

一九九〇年代に虐待が社会問題化し、「子どもの権利条約」が批准された（九四年）ことから、二〇〇〇年に新たに児童虐待防止法が成立します（二〇〇四年に改正）。ここで初めて児童虐待の定義がなされました。

児童虐待とは、保護者（実の親とは限らない）がその保護すべき児童（一八歳に満たない者）について行う次の四種類の虐待のことです。

身体的虐待／　性的虐待／　育児放棄／　心理的虐待

ただし、この法律は虐待そのものに対する罰則について決められていません。だからメディアで伝えられる児童虐待の事件を注意して見たり聴いたりすると、容疑者は児童虐待防止法違反ではなく、殺人や傷害などの罪で逮捕されているのです。

この章では、アメリカとカナダの児童虐待の例、そして日本での調査結果を見ます。そのうえで、特に現代の虐待と虐待死に至るリスクにはどういうものがあるのかを考えます。


まずはアメリカやカナダで児童虐待の研究が始まったいきさつから。この二つの国は児童虐待防止への取り組みと法律の整備が早く、「児童虐待防止の先進国」とされています。

第8章で取り上げたカナダのマーティン・デイリーとマーゴ・ウィルソンは先住民の嬰児殺しと同時に、現代社会での児童虐待についても研究していました。

ここで言う「児童」とは、日本と同じで一八歳未満の子どもという意味です。虐待の定義も同じで（というか、こちらこそが元祖）、身体的虐待、育児放棄（ネグレクト）、心理的虐待、性的虐待などがありますが、死に至ることがあるのは、たいていの場合、身体的虐待と育児放棄であると言えます。

彼らが児童虐待のうち、特にステップ・ファミリー（継父、または継母と継子からなる家庭のことです。継父母には内縁関係にある者も含まれる）での虐待について研究するようになったのは、一九七六年にカリフォルニア大学で仲間たちと行なっていたセミナーが発端でした。そのセミナーは、前の年に出版されたE・O・ウィルソンの『社会生物学』をテキストにしたもの。この本は、イギリスの進化生物学者、W・D・ハミルトンが一九六四年に提唱した革命的な考え方を下敷きにした大著です。

動物の繁殖を巡っては子や孫といった直系のルートだけでなく、甥や姪、イトコなどの傍系のルートにも注目すべきで、それらの総計でいかに多く自分の遺伝子のコピーが残るかが重要である――『社会生物学』はこの観点の下に行なわれた、それこそアリから人間に至るまでの様々な動物の社会や婚姻形態、個々の行動などについての膨大な研究をカバーするものです。

このセミナーである時、当然のことながら、この分野の最大のテーマと言ってよい、ハヌマンラングールやライオンの新しいオスによる群れの乗っ取りと、その後の子殺しについての話題が登場しました。そこである女子大学院生は、それなら人間でそれに当たることと言えば……と考えたのでしょう、こんな発言をしたのです。

「ねえ、人間のステップ・ファミリーはどうなのかしら」

皆の平均的意見はステレオタイプとしてよく知られているような、継父、継母は継子に対して「冷たくて意地悪ってところかな」というものだった。では本当にそうなのかというと誰にもわからず、口火をきった彼女が発言の責任をとることになりました。過去の研究について次の週までに調べてくるという宿題が出されたのです。

彼女は、報告しました。継子《ままこ》いじめ以前の問題として、義理の親子関係について論じた研究は一つも見つかりませんでした――（このあたりの経緯については、デイリーとウィルソンの共著で拙訳の『シンデレラがいじめられるほんとうの理由』、新潮社刊を参照）。

こんなことからデイリーとウィルソンは、どういう状況で虐待が起きるのかを調査し始めたのです。彼らは、警察にきちんと情報が残されている虐待による死亡例に注目し、状況やリスクだけでなく、誰が手を下しているのかについての証拠を初めて得ることになりました。

危険度合いが跳ね上がるとき

ステップ・ファミリーという、虐待が起こるリスクが最も高いと考えられるケースについて見ていく前に、まずは件数として一番多い、実母による子殺しについて見てみましょう。

デイリーとウィルソンが注目したのは、一九七四〜八三年の一〇年間にカナダで起きた殺人事件のデータです。解決に至った五四四四件のうち、加害者が被害者の実の親であるケースは三六七件でした。このうち被害者が一歳以下の乳幼児である事件では、実の母親がその過半数を占めていました。

さらに、実の母親が子を殺したケースを取り出して子どもの年齢別に見てみると、子が小さいほど高い確率で殺されていることがはっきりしました。子ども一〇〇万人あたり、年間何件の殺しがあったかと換算してみると、〇歳児で三四件と最も多く、一歳児で九件、二歳児で八件、三歳児で七件……とだんだん減っていき、一七歳ではとうとうゼロになる。さらに詳しいデータによれば、〇歳児でも、生後六ヵ月以内の方が六ヵ月〜一歳より件数が多いことがわかりました。

デイリーとウィルソンによれば、「見込みのない繁殖行動はなるべく早く中止し、そのうち放棄せねばならなくなるような仕事にかまけるのを避ける評価メカニズムがあるはずである」（前掲『人が人を殺すとき』）ということになります。

彼らは母親の年齢と、生後半年までの子殺し件数の関係についても調べましたが、それは先住民のアヨレオ族とほぼ同じパターンでした。母親が若いほど子殺しが多く、年をとるにつれ減少していく。若いほど繁殖のやり直しがきくので、今の子が育てられそうにないのなら諦め、将来の実りある繁殖に期待しようというわけなのです。

男からのサポートが得られない未婚の母も、当然子殺しの確率が高くなります。七七～八三年のカナダでの未婚の母の割合は一二％でしたが、実母による子殺し事件に占める未婚の母の割合となると、半分以上にも達していたのです。

実母ほどではないものの、実父も子を殺し、やはり子が小さいときほど高い確率で殺す傾向があります。

そして、デイリーとウィルソンが様々な研究を経て最も虐待のリスクが高いと結論づけた状況。それが、ステップ・ファミリーでした。

彼らはまずアメリカで、一九七六年に全米人道協会（ＡＨＡ）によって虐待と認定された八万七七八九件のデータを利用し、分析しました。それによると〇～二歳の子どもが虐待されるリスクは、「実の親＋継親」の家庭、つまりステップ・ファミリーが、実の親どうしの家庭よりも七倍高いことがわかった。虐待しているのが実の親か、継親かは示されていませんが、とにかく継親が絡むとリスクが高くなるのです。

一方、彼らは故郷であるカナダ、オンタリオ州のハミルトンでも調査を行ないました。すると一九八三年では、就学前の子どもが虐待されるリスクは、ステップ・ファミリーの方が実の親どうしの家庭よりも四〇倍も高いという結果が出たのです。

アメリカでの値、七倍よりも随分大きな値として出ていますが、それはカナダでの虐待の基準がアメリカよりも厳しく設定されているということ。しかもステップ・ファミリーの方が、実の親どうしの家庭よりも酷い虐待が起こりやすいという事情があるからなのです。

虐待の基準を厳しい方へと引き上げると、虐待がより酷い傾向にあるステップ・ファミリーでの虐待がよくカウントされ、虐待がそれほど酷くはない傾向にある実の親家庭での虐待は、虐待とはみなされないケースが出てくる。だからカナダではステップ・ファミリーでのリスクがアメリカよりもずっと大きな値として現れるのです。

貧困は、虐待に至る非常に大きなリスク要因の一つですが、アメリカでもカナダでもステップ・ファミリーと実の親の家庭とで経済的な差はありませんでした。これらの値は、純粋にステップ・ファミリーと実の親どうしの家庭という違いだけでこれだけの差が現れるという意味なのです。

それでは虐待致死についてはどうでしょうか。

赤ん坊は「足手まとい」？

一九七六年のアメリカのデータからは、児童が虐待によって死亡するリスクは、ステップ・ファミリーの方が実の親どうしの家庭よりも一〇〇倍高いということがわかりました。カナダ、ハミルトンでは一九七四〜八三年の記録になりますが、〇〜二歳児が虐待によって死亡するリスクは、ステップ・ファミリーの方が実の親どうしの家庭よりも七〇倍高かったのです。

ちなみにここで言うリスクが、なぜ数十倍などというとんでもない大きさとなって現れるのかと驚かれているかもしれません。それはこんな事情があるからです。

どんな社会でも実の親どうしの家庭の方がステップ・ファミリーよりも圧倒的に数が多い（一九八四年のカナダでは、ステップ・ファミリーで暮らす一〜四歳の子の割合は全体のたった〇・四％。現在はその割合はもう少し高いかもしれません）。だから虐待や虐待致死の件数自体は実の親による場合の方が多いことがしばしばです。

しかし、絶対数がはるかに少ないステップ・ファミリーで現実にかなりの件数の虐待や虐待致死事件が起きている。発生のリスクとしてとらえ、計算するなら、ステップ・ファミリーの方が実の親どうしの家庭に比べ、数十倍などという値が出てくるわけです。ステップ・ファミリーでの虐待致死例についてはアメリカでもカナダでも警察に詳しい記録が残されており、主に誰が手を下しているのかがわかりました。継親、しかもほとんどの場合、継父（内縁の夫も含む）だったのです。

なぜ継父かと言えば、離婚に際し、小さい子どもは母親に引き取られるのが普通だからなのです。そして継父が虐待しているとき、実の母は見て見ぬふりをするか、間接的に関わることになります。

人間の女は乳飲み子を育てながらであっても、〝発情〟して男を受け入れ、子が殺されないようにするという大変画期的な生理的機能を備えました。それなのになぜ、こんなふうに子が虐待されるがままにしておくのでしょうか。

デイリーとウィルソンはずばりこう言っています。

「赤ん坊は新しい関係にとっての足手まとい」だから（前掲『人が人を殺すとき』）。

また、離婚などにより、幼な子を女手一つで必死に育てている女が、新しい男の登場によって豹変。急に我が子を育児放棄（ネグレクト）し始めたりすることがあります。

それは、新しい男との今後の繁殖を有利にし、優先したいから。

もし連れ子がいるとわかるとすると、新しい男が急に醒めて、逃げてしまうかもしれない。そうではなかった場合にも、将来子が虐待されることになるかもしれないなど、いずれにしても「足手まとい」になるからなのでしょう。

もちろん、すべてのステップ・ファミリーで深刻な虐待が起きたり、ましてや子どもが死に至るわけではありません。むしろ、虐待がない家庭のほうが多いのです。デイリーとウィルソンは、現代の人間のステップ・ファミリーで虐待が防がれるのは、人間ならではの複雑な社会や人間の記憶力が関わっているからだと言っています。

たとえば、継父が継子を虐待していると、まず世間の悪い評判となって返って来るだろう。相手の女の親族から報復されることもありうる。それに、傷害などの罪で自身が逮捕されることになりかねません。

そもそも、継父がなぜ子連れの女といっしょになったかと言えば、彼女に自分の子を産んでもらいたいから。ヒメヤマセミの血縁のないヘルパーやサバンナにすむヒヒの〝優しいオジちゃん〟と同じで、後釜狙いなのです。

となれば継子には危害を加えるべきではない……。

もっとも危害は加えないにしろ、ヒメヤマセミの血縁のないヘルパーが小さい魚しかヒナに与えないのと同じように、継父は継子に対し、愛情全開というわけにはいきません。どうしても愛情の出し惜しみをしてしまう。しかしそれは人間が、自分の遺伝子のコピーが最大限増えるように、またコピーを増やすうえでの妨げとならないように、長い時間をかけて進化させた心理なのです。

ちなみにアメリカで児童虐待のリスクが最も高いと言われるのがマムズ・ボーイフレンドと呼ばれる男、つまり内縁の夫です。それは世間から隠され、女の親族にすら紹介されていないような、隔離された存在。「周囲の目」という抑止力が効かないために余計にリスクが高まるのでしょう。


アメリカ人も、日本人も……


ではいよいよ現代の日本でのケースについてみていくことにしましょう。

日本で虐待され、死亡にまで至っている児童は毎年、五〇人前後。だいたい一週間に一件という割合です。

しかし新聞やテレビで報道されるのはそのうちのごく一部であり、それも内縁の夫が継子を残虐な方法で虐待し、実母は見て見ぬふりをするか、虐待に加担し、死に至らしめた。しかも遺体をどこかに遺棄したというような、かなり特殊で、いかにもニュースになりそうな場合なのです。

虐待の実態について、大学教授や民間の児童虐待防止に関する研修センターの研究部長、医療機関の児童精神科診療部長といった人々からなるグループ「社会保障審議会児童部会児童虐待等要保護事例の検証に関する専門委員会」が二〇〇五（平成一七）年から毎年、報告書を提出しています。

この本を執筆している時点で最新のものは、「子ども虐待による死亡事例等の検証結果等について」の第八次報告。

発表は二〇一二（平成二四）年七月ですが、実際には二〇一〇年四月一日～二〇一一年三月三一日（平成二二年度）に起きた事例を扱っています。東日本大震災はこの期間中の最後に起きたことになりますが、過去に発表された報告書に目を通したところ、第八次報告はそれまでと同じ傾向を示していました。そのため、この本ではこの報告の数字に注目してみていきます。

それによるとまず、日本の事例もデイリーとウィルソンの研究と重なっており、子は小さいときほどよく殺される傾向にありました。

殺された児童の数を年齢別に並べてみると、次のようになります。

○歳	23
一歳	9
二歳	7
三歳	4
四歳	2
五歳	3
六歳	0
七歳	0
八歳	1
九歳	0

（以下、一一歳と「児童」として扱われる最年長の一七歳で一人ずつあるほかは0）

続いて、主たる加害者は誰なのか。

計五一人のうち、一番多いのはやはり実母で、その数は三〇人です。さらに、実母が絡んだケースまで含むと三四人になります。最も多いのが実母というのは第一次報告から一貫する傾向です。

ちなみに次の項目のなかにある「継父」と「養父」ですが、継父とは、子どもの母親と結婚し、その連れ子とは養子縁組をしていない男性のこと。そして養父とは、連れ子を養子縁組した男性のことです。

実母	30
実父	7
実母の内縁の夫	4
実父＋実母	2
継父	1
実母＋内縁の夫	1

実母＋養父	1
養父	3
その他	2

では子はいったいいつ、誰に殺されているのか。子どもが生まれた当日、そして生後一ヵ月未満という期間で区切ってみると子の数は次のようになりました。

生まれた当日（〇日）	実母	9
	ほか	0
生後一日〜一ヵ月未満	実母	2
	実母と思われる	1
	ほか	0

この段階までは子殺しをするのは実母だけです。授乳や身の回りの世話などを一手に引き受けているのが実母だからでしょう。

ちなみに飛びぬけて数が多い、産んだ当日に子を殺した母の年齢を一次報告から八次報告までを合計したデータで見てみました。すると、アヨレオ族やカナダでの報告と同じで母親が若いほど子殺しのリスクが高いこともわかりました。若いほど望まぬ妊娠や経済的な問題が多く、また繁殖のやり直しがきくからでしょう。

ところが、日本では女が三〇代後半になると再びピークが現れます。しかも殺される子は、第三子である場合が最も多いとされている。つまり、既にいる子の生存を確かなものにするため間引きをするのではないかと考えられているのです。

アヨレオ族でもカナダでも、母親の年齢とともに嬰児殺しの確率は下がっていくのですが、実を言うと、三五歳あたりでいったんちょっとだけ上がる。デイリーとウィルソンはその例数が少ないからと問題にしていませんが、日本と同じような事情から間引きが行なわれている可能性があります。

子が生後一ヵ月～一歳未満になると、実父も主たる加害者として登場します。殺された子の人数は、実母によるものが五人、実父によるものが四人でした。

そして子が一歳以上三歳未満になると、ついに最大のリスク要因である、実母の内縁の夫（マムズ・ボーイフレンド。母の交際相手）が主たる加害者として登場します。しかも、実父よりも多く登場していました。

実母　6
実母の内縁の夫　4
実父　2
実母＋実父　1
実母＋実母の内縁の夫　1

日本ではデイリーとウィルソンの研究のように、ステップ・ファミリーが実の親どうしの家庭と比べ、どれくらい虐待や虐待致死のリスクが高いかは調べられていないようです。

しかし今見たような内縁の夫の関与の高さからすると、アメリカやカナダなどと同じような結果になるのではないでしょうか。

現実の家族では実の母、実の父が内縁の夫よりも圧倒的に多いのに、たとえば前年の第七次報告では、内縁の夫が絡んだ事件が五件で、実母と実父だけが絡んだ事件が五件というように、実の親が加害者である事例と内縁の夫が加害者である事例が、まったく同じ件数発生しているのです。

子がもっと成長して三歳以上になると、何が起きることになるのか。継母、継父は実母や実父よりも圧倒的に数が少ないのにこの値が出ています（第八次報告では継母は0ですが、他の報告ではあります）。

実母	6
実父	1
実母＋実父	1
養父	1
継父	1
継母	0
実母＋継父	0
実母の内縁の夫	0
その他	2

オーソドックスな虐待要因

ここまで現在の日本における虐待死のリスクについて、大きいものを報告書から拾いあげてきました。

浮かびあがってきたのは、実の母親、実の父親、そして継父、継母、内縁の夫といった存在などでした。「継父」「継母」「内縁の夫」などという条件があれば即、虐待や虐待致死が起きるというわけではないことはもちろんです。

ここから先は、これまでにわかったリスクに加え、虐待や虐待致死のリスクを高めるその他の要因について、この報告書やデイリーとウィルソンの研究などを参考にしてまとめてみます。

おわかりいただけると思いますが、これらのリスク要因は完全に別個のものというわけではなく、微妙に重なる部分もあります。そして虐待や虐待致死はいくつもの要因が重なって起こることがしばしばなのです。

ともあれデイリーとウィルソンの言う「三つの論点」に対応するようまとめたのが次の表です。その際、この論点には収まりきれない、現代ならではのリスクもあることが見えてきました。

論点一　赤ん坊が男にとって、本当に自分の子かどうか

ステップ・ファミリー（継父、または継母と継子の家庭。内縁関係も含む）

里親が里子を育てる

論点二　赤ん坊の質がどうか

低体重児、早産　多胎児　障害

論点三　現在の環境は、子育てにとって適切か

望まぬ妊娠　貧困　育児不安　周囲からの孤立　子の年齢が上のキョウダイと接近

している　母に新しい男が登場　キョウダイが多すぎる

現代ならではのリスク

産後うつ　虐待の連鎖　家庭内暴力（DV）

まず論点一「本当に自分の子かどうか」に繋がるリスクです。

「**ステップ・ファミリー**」は虐待の起こる最大のリスクであり、既に十分に議論しましたが、先の報告書では虐待死事件のうち、その家庭の形と発生した事件の数は実父母家庭が一七に対し、ステップ・ファミリーが九（「内縁関係にある家庭」が六で「連れ子の再婚による家庭」が三）でした。

そして、「**里親が里子を育てる**」です。里親とは保護者のいない児童、または保護者がいても虐待するなど、育てるのに適していない保護者を持つ児童を育てたいと希望する人で、都道府県の知事がふさわしいと認め登録された人を言います。里親には手当てが支払われ、里子には生活費が支給されます。

里親は、自ら望んで、不幸な環境にある児童を育てるというわけですが、実は想像がつかないほどの難しさもつきまといます。現実にあった虐待致死例と、どう難しいのかについては次の章で詳しくお話しします。

論点二「赤ん坊の質がどうか」に繋がるリスクは三つが考えられます。共通するのは、赤ちゃんに何らかの「育てにくさ」があること。

「**低体重児、早産**」は子が育つ見込みが少ない、育てるのに手が掛かるという意味で虐待が発生しやすくなると思われます。現代の医療をもってすれば、低体重児や早産の子でも育てられますが、それでも経済的な問題などが絡んでくることはもちろんです。

人間以外の動物では低体重や早産の子の命はすぐに尽きてしまうため、こうした虐待は起こり得ません。低体重や早産の子が虐待のリスクとなるというのは人間ならではの問題ということになります。

「**障害のある子**」は「低体重児、早産」と重なるところがあります。この場合、親が精神的にも肉体的にも疲れ果てた末に、子を拒否する行動に出る場合もあるのではないでしょうか。

人間以外の動物では障害のある子が生き延びることは難しく、この問題もまた人間ならではということがわかります。

この件について実際に起こった事件を次の章で見てみます。

「**多胎児**」も虐待のリスクを高めます。子育ては一人でも大変なことなのに、一度に二人も三人も育てなければならないのです。

しかも多胎児はどの子も体重が軽く、それだけでも既に虐待のリスクが高まりますが、実は各々の子の体重に差が大きいという条件まで加わる。その結果、より体重が軽い子がより虐待されやすくなると考えられるのです。

先住民の社会でも見られた「双子」に加え、現代では不妊治療によっても多胎児が増えています。まず排卵誘発剤を使った人工授精の場合に多胎児が生まれる可能性が高くなる。体外受精の場合には排卵誘発剤を使っていくつもの卵を得たうえで受精させ、受精卵が少し育った状態にある胚を子宮に多めに戻します。日本産科婦人科学会によると、双子や三つ子が生まれる確率は通常の二倍になるそうです。

ともあれ、石川県立看護大学の大木秀一教授が一〇都府県で調べたところ、「子どもを虐待していると思うことがありますか」という問いに、二〜四歳の多胎児（双子以上）の母親の四割以上が「はい」と答えたといいます。単胎児（一人で生まれてきた子）の母親の二倍近い割合でした。しかも双子に発達の違いがあると、母親は一人だけ虐待する傾向もあると言います。

多胎児には虐待だけでなく、そもそも子育てが大変であり、医療や育児の費用がかさむなどの問題があるため、二〇〇八年からは体外受精の胚は原則として一つだけ子宮に戻すことになっています。

かつては双子が生まれると片方を養子に出すという習慣が少なくとも日本にはありましたが、双子がどちらもちゃんと育つという、優れたシステムだったのです。

ここからは、論点三の「現在の環境は、子育てにとって適切か」に繋がるリスク。数から言うと、ここに含まれるものが一番多くなります。

まずは「**望まぬ妊娠**」です。数として一番多く、これほど直接的なリスクはほかにないでしょう。

続いて、家庭の「**貧困**」。先の報告書では、虐待死の起きた家庭について、その経済状況を分析しています。それによると全四五件のうち、生活保護家庭が四、市町村民税非課税家庭が六、年収五〇〇万円未満が五、年収五〇〇万円以上が一、不明が二九。不明のデータ数が多いのですが、「年収五〇〇万円以上」に該当する数がたった一件（第七次報告書では四七件中四件）であることに注目すると、全体的にいかに収入が少ないかがわかります。

次のリスク、主に母親の「**育児不安**」は、彼女が周囲からのサポートを得られないという点からもたらされます。また、周囲に育児の先輩がいて直接教えてもらえる機会がないと、母親がいくら育児書を読んだり、医師などのアドヴァイスを受けても、不安は不安のままなのです。

それに主に母親が「**周囲から孤立**」することは、経済的な支援がない場合も含んでいる。子をうまく育てられそうにないという状況であり、虐待が発生しても不思議はないことになるでしょう。

「**子の年齢が上のキョウダイと接近している**」場合、共倒れとなることを避けようとして下の子を虐待するリスクが高まることは、既に見て来た通りです。

そして、「**母に新しい男が登場する**」。内縁関係に発展する話ですが、既に触れたように、一人で必死に子育てをしていた女が、新しい男の登場により豹変。我が子を育児放棄するという流れは、最も典型的な例と言えるでしょう。最近クローズアップされた事件を取り上げて、次の章で詳しくお話しします。

「**キョウダイが多すぎる**」場合には、すでに育っている上の方の子の生存を確かなものにするために、下の方の子を虐待し、死に至らしめることがあります。間引きです。

現代ならではの三つのリスク

三つの論点に分類できないのが、次のリスクだと考えられます。

まずは「**産後うつ**」です。妊娠、出産を通じ、女の体のホルモンバランスには一大変化が起こります。さらに出産すると生まれたばかりの子が三時間おきくらいに（あるいはもっと短いこともある）お乳が欲しいとか、おむつを換えてほしいと泣いて訴える。それは昼夜を問いません。

睡眠不足に陥ることで自律神経系が乱れ、重症化するとうつ状態になります。発症期間は産後一ヵ月〜六ヵ月まで幅があり、出産直後に気分が落ち込み、ときに子殺しの原因にもなるマタニティー・ブルーとは違います。強いうつ症状が出て何もする気力がなくなることから、育児を放棄したり、ささいなことにかっとなって、身体的な虐待を加えることにもなります。これが広く知られるようになったのは、ここ数年のことです。

産後うつは女性の一〇人に一人が経験すると言われます。ただし家族などの協力が十分であれば、子どもへの影響をかなり回避することができるのです。

「**虐待の連鎖**」は、虐待する親の約三割が、自身もかつて親に虐待されていたことがわかったため、リスクとして挙げられます。

なぜひどい仕打ちを、我が子にも経験させるのか。たいていの人なら、なぜと疑問に思うところですが、実験動物のラットでこんな研究があり、その心理を知るうえで参考になると思われます。

カナダ、マギル大学のマイケル・ミーニーらによると、あまり子をなめない、〝冷淡〟な母親に育てられたメスは、ストレスに過剰反応するようになり、自分の子もやはりあまりなめない傾向があります。

しかし、子をあまりなめない母の子（メス）であっても、よくなめるメスの元へ小さいうちに養子に出されると、なめられることでストレスに対して過剰に反応しなくなり、自分の子をよくなめるようになる。

〝育児放棄〟が伝わる。

こうして子をなめないという〝育児放棄〟の連鎖にストップがかかるというわけです。

人間でも、虐待されて育った子が、信頼できる大人との出会いによって心が救われ、人格的に変わったという例がしばしばあります。それは信頼できる大人という〝よくなめる母親〟と出会ったことによる変化なのかもしれません。

最後が「**家庭内暴力（DV）**」です。家庭内暴力には、家庭内のすべての暴力（しかも力によるものだけでなく、言葉などによる心理的な暴力も含む）を指す、広い意味。そして主に夫（または内縁の夫）から妻（または内縁の妻）への暴力という狭い意味がありますが、ここでは狭い意味で使うことにします。

この暴力の矛先が妻（内縁の妻）だけでなく、継子にも向くのです。もちろんこの暴力には身体的なものだけでなく、心理的なものも含まれます。

こうして子どもへの虐待が起きるリスクを整理してきましたが、たとえば再婚家庭だからと言って、その家庭では必ず虐待が起きると言っているのではないことはもちろんです。いくつものリスクが重なると、場合によっては虐待が発生するということなのです。

最終章では、日本で実際に起きた五件の虐待致死事件を取り上げます。その際、事件当時に注目が集まったポイントとは別のところに、本当に我々が「見るべき点」があることを示し、事件の新しい解釈を試みたいと思います。

第11章　壮絶事件の根と芽

「双子」に重なったリスク

小学四年生のWちゃん（九）が、実母の交際相手（内縁の夫）に日常的に暴力を振るわれて死亡した。暴言を浴びせられ、食べ物も満足に与えられず、ベランダに放置されるなどして衰弱した末のことだった。遺体は墓地に埋められていたところを発見されている。

Wちゃんの実母であるE（三四）には、双子の女児（そのうちの一人がWちゃん）と、一つ年上の娘がいたが、前夫と離婚する際に、上の子を前夫にあずけ、双子を引き取っていた。

内縁の夫（三八）は、かつて自身のDV（家庭内暴力）が原因で離婚し、男児（六）を引き取っている。事件当時は無職である。

これから実際に起きた虐待死事件を見て行きますが、事件の加害者がどのような背景で、どんな行動を取ったかに注意が向くよう、報道された個人名や詳しい日時は敢えて省略しています。イニシャルも本名を反映させたものではありません。

私が児童虐待に関心を持つようになってから起きた事件で、どうしても忘れることができないのが、このWちゃん事件です。理由は、概要に触れただけでわかるように、双子、多すぎるキョウダイ、内縁の夫、貧困、ＤＶ——虐待の起こるリスク要因があまりにも多いことです。

双子のうちの一人として生まれたWちゃんの身の上に、母の内縁の夫と同居というリスクが重なり、さらにその男には問題があった。ＤＶは既に述べたように妻や内縁の妻だけでなく、その連れ子に向けられることも多いのです。

ちなみにWちゃんの実母であるEが、なぜ虐待を見て見ぬふりをしたかと言えば、内縁の夫との間に将来子をなすことの方を優先させようとしたからでしょう。

このEの、ふっくらとした顔に慈愛に満ちた眼差しをたたえてWちゃんを見守る様子

(Wちゃんの卒園式のとき)と、眼光だけがギラギラ光るやせこけた顔(逮捕直前)とを比べた映像をテレビで見たことがあります。その変貌の背景には、優先するものが変わったという事情があるように感じられたのです。

では、この事件を誰かが止めることはできなかったのでしょうか。

Eと内縁の夫が同居を始めた頃から既に、近所の人から、「せっかんしているのではないか。警察に話してほしい」という要請が防犯協会にあったことがわかっています。

さらにWちゃん自身もその二ヵ月後、小学校の養護教諭に「新しいお父さんに叩かれた」と訴えている。左目の下にアザがあることを確認した教諭はEに問い合わせますが、「この子はよく体をあちこちにぶつける」と説明されたことから、それ以上は追及しなかったとのこと。

虐待の実行者ではない母親も、世間体の悪さゆえ、そして責任を問われることを恐れてこの事実を隠そうとします。

Wちゃんはその後学校を休み、二度と登校することはなくなりますが、この間学校側は家庭訪問を二回申し出ています。しかしいずれも拒否され、児童相談所への通告もなされずじまいとなってしまいました。

依然として親は隠し通そうとしたわけです。その先にある悲劇が薄々わかっているというのに。

そして事件の起こる直前には、Wちゃんらが住むマンションの隣の空き地で測量をしていた男性二人が、決定的な虐待の事実を摑みます。激しい物音とともに、Wちゃんを罵倒《ばとう》する言葉と弱々しい返事が聞こえてきたのです。

しかし、この二人が通報しても、結局はWちゃんを救うことはできませんでした。

警察は保護責任者遺棄容疑で家宅捜索。内縁の夫の供述から、隣の県の墓地でWちゃんと思われる遺体が発見されました。

この事件で注目すべき点は大きく三つあると思います。

一つ目は先ほど述べたように、リスクが実にいくつも重なるケースであったこと。二つ目はEが内縁の夫と同居し始めた時期についてです。

Wちゃんは九歳という、まだ内縁の夫によって虐待されるリスクの高い年齢でした。既に見てきたように、内縁の夫は、子が一歳くらいから虐待死事件に加害者として登場します。子が小学生であるうちは、まだ大きなリスク要因なのです。

『箱根山のサル』（晶文社）などの著書がある霊長類学者の福田史夫さんは、こういう事件に対する警鐘としてインターネット上のＨＰで次のように述べています。

「子供を持った男女は、子供が小学生以下の場合は決して再婚をすべきではない」「児童相談所や保育園や小学校、さらには児童福祉施設の人たちは『子殺し行動』の一つの根源的背景について学んで欲しい」

この場合の子殺しとはハヌマンラングールのようなオスによる子殺しと、メスが自分の子を殺すような場合、の両方を含んでいます。福田さんは「再婚」としていますが、これには内縁関係やただの同居も当然含まれるはずです。霊長類学の専門家がここまで警告しているということを、私たちは重く受け止めるべきでしょう。

三つ目のポイントは、Ｅが虐待を隠そうとした点です。

人間の社会では子の虐待をしていると悪い評判がたち、そもそも世間体が悪く、法律にも問われるために虐待が防がれるという一面があります。しかしその一方で、実際に子を虐待している人物の場合には、今度はその世間体ゆえに虐待の事実を隠そうとしてしまうのです。

Ｅは「この子はよく体をあちこちぶつける」と言いつくろって虐待の事実を隠そうと

しました。Wちゃんが死んだ後も、あたかも彼女が勝手にいなくなったように見せかけるため、「娘が帰宅しない」と警察に家出人捜索願を出しています。実はこれが端緒となって、事件が発覚したのです。

この他に、通報を受けて出向いた児童相談所の職員を一歩も家へ入れず、ウソをついたり、暴言を吐いたり、時には酷い暴力をふるって追い払う親もいる。そうして事態はますます悪化の一途を辿り、取り返しのつかない結末となることもしばしばです。

そのようなわけで二〇〇八年四月から、児童相談所の職員の立ち入りを拒否する家庭に対し〝実力行使〟ができるようになりました。警察官の立ち会いの下で合鍵を使い、チェーンロックを切断するなどして児童相談所の職員が立ち入り、子を保護できるようになったのです。児童虐待防止法の一部が変わったことによるのですが、この年の一二月に初めて実際に適用されたものの、手続き上の難しさなどからなかなか実施されていないようです。

「子どもがいなくなればいい」

次は、児童虐待について人々が深く考えさせられ、実際に児童相談所への通報件数が飛躍的に増えるきっかけとなった事件です。

夏のある日、単身者向けのマンションの住人が、「異臭がする」と管理会社に通報。この会社から住人である女性の勤務先の店に連絡が行き、その店の男性が夜に部屋を訪問して異変を察知した。

この男性の一一〇番通報に駆けつけた警察官が見たものは、三歳の女児と一歳の男児の変わり果てた姿だった。

部屋はゴミだらけ、真夏であるにも拘らず、エアコンは動いておらず、食べ物も飲み物もない。居間と玄関を仕切るドアには粘着テープが張られ、子どもたちが助けを求めようとしても出られないようになっていた。

死後、数週間から数ヵ月。暑さのためか何も着ていない。同じマンションの住人によると、泣き声は一ヵ月くらい前からぴたりと消えたという。

翌日、二人の母親であるA（二三）が、死体遺棄容疑で逮捕された。

「子どもがいなくなればいいと思い、家に残して出た」と容疑を認め、「ご飯も水も与えなければ、生きていけないとわかっていた。私が育児を放棄して殺した」と話したという。

彼女はなぜ育児放棄（ネグレクト）をしてしまったのでしょう。育児放棄はある日突然始まるわけではありません。報じられた彼女の生い立ち、事件への展開をみてみます。すると「年の近い子ども」、「貧困」、「周りからの育児のサポートが得られない」、「母に新しい男が登場」などの要因が次々と現れるのがわかります。

Aの両親は彼女がまだ幼い頃に離婚していました。彼女は地元から離れた高校に進学し、卒業後は地元に戻って、まもなく結婚。一九歳の若さで、夫も同い年でした。翌年には長女が、そのまた翌年には長男が生まれます。事件当時、三歳と一歳と報じられましたが、実はあまり間隔を空けずに生まれているのです。

その後、A本人の浮気が原因で、離婚。彼女に非があるとはいえ、幼子二人の養育のすべての責任がこの若い母親にのしかかってしまった。離婚に際し、とても一人では育てられないことを夫や夫の両親に訴えたが、聞き入れられなかったといいます。

周りからのサポートがまったく受けられなくなった彼女は、近郊の都市へ出てキャバクラで働き始めました。その頃、既に育児放棄の徴候がみられ、児童相談所も介入したのに、彼女が事実を隠そうとして連絡を絶ち、そのままになってしまった。

その後、さらに大きな都市に転居。風俗店で働くようになったAの育児放棄は加速していきますが、その背景には男の存在があったようです。そして遂には数日間にわたって家を留守にし、一時的に帰ってはコンビニで買った食べ物と飲み物を、子らに与えるまでになったのです。「最後の食事」を子どもたちが食べたのが転居の五ヵ月後……。

その後の経過については報道によってばらばらで、この日を最後に二度と戻らなかったというものもあれば、その月の末に帰って二人が死んでいるのを確認したというもの、発見される数時間前に帰り、死んだ二人が茶色く変色したのを確かめているというものまであります。

その一方で、Aは二人の子が死亡した後と思われる頃、サッカーのワールドカップ日本代表戦を観戦したこと、海水浴をしたことなど、とても楽しそうな様子をソーシャルネットワーク（インターネット上の会員制サイト）に書き込んでいたのです。最後の書き込みは二児が発見される二日前のものでした。

この事件が報道された時、人々の関心を集めたのはAが子どもたちに対してとった行動の残虐さと、A本人の無邪気な容姿や行動とのギャップ、そして何度も児童相談所に通報があったのに、それが活かされなかったことでした。

私がさらに気にかかったのは、彼女の行為に対する罪の重さです。

第一審で殺人罪に問われて裁判員裁判に出廷したA（当時二四）に下ったのは、懲役三〇年。無期以外の懲役刑で最も重いものです（検察側からの求刑は無期懲役）。第二審でも同じく懲役三〇年の刑が下され、現在上告中です。

裁判では彼女は殺意を否定しているものの、日本で発生した他の事件の刑の重さなどと比較すれば、それ相応のものかもしれません。

しかし、アヨレオ族やヤノマミの女たちの基準に照らし合わせてみると、Aの行動はそれほどまでに酷いものではないはずです（もちろん私が彼女の行動を肯定しているというわけでは決してありません）。

ここでもし、アヨレオ族やヤノマミの女たちにこの事件と刑の重さについて意見を聞いてみることができたとしましょう。その場合、こんな声が聞かれるかもしれません。

「さあ、これから子を産むぞという年齢の女を三〇年も閉じ込めて、子どもをつくらせないなんて……現代社会って、いったいどうなっているの？」

障害としつけのはざまで

次も我が子を死に至らしめたケースですが、ここであげている他の事件とは随分、様相が違います。この件は我が子を手にかけた母親自身が通報したことで発覚しました。

「娘が風呂場で死んでいる」と通報したのは実母の無職R（三七）。前の日の午後八時頃から、長女で、特別支援学校に通うUさん（一六）の服を脱がせ全裸にし、両手両足をビニール紐で縛って風呂場に立たせていた。Uさんは低体温症によって死亡した。Uさんには広汎性発達障害と知的障害があった。食事も満足に与えられておらず、身長は一三七センチ、体重は二七キロしかなかった。Rは五年前から夫と別居していた。

Rは以前、Uさんが保育園に入園した際に自ら児童相談所を訪れ、発達障害などについて相談し、その後も定期的に相談していたという。しかし、しばらくして様子が変わってしまう。

中学校などからの虐待の疑いありという通報を受けて児童相談所が面談しようとすると、拒否するか、虐待についての話を避けていた。さらに、事件の起こる前年には学校側がUさんの顔や腕にアザや擦り傷を見つけたが、彼女は「転んだ」と言いつくろった。

しかし事件の直前、Uさんはついに、手足を縛られ、冷たい水で髪を洗われるなどたびたび虐待され、食事も十分与えられていないことを告白した。学校での面談で母であるRは虐待を認めた。

そこで児童相談所に連絡が行ったが、同所は緊急性が高くないと判断。まずはUさんと面会し、次にRとの面談を予定した。

そのすぐ後のこと、Rが児童相談所に電話し、「学校医と話がしたい」と申し出る。しかし「医師は既に退庁している」と告げられ、「わかりました」と電話を切った。

そのわずか二時間後に事件は起きる。Rは警察の調べに「しつけのためだった」と話した。


これまで紹介してきた事件とこのケースの違いは何か。まず、母親がSOSを何度も出していたということでしょう。

また背景にリスクが幾つあるかを数えると、「障害のある子」「周りからのサポートが得られない」「貧困」と、前の二つの事件と比べるなら少ないということがわかります。

しかしこの事件は、障害のある子を育てることがいかに大変なことか、母親の苦悩のほどはどれほどだろうかということを我々に教えてくれるように思います。

逮捕監禁致死罪に問われたRへの判決は懲役三年六月。控訴が棄却され上告もなされず、刑が確定しました。

事件だけを切り取って見ると、若い命が奪われた悲惨すぎる出来事ですが、そこに至るまでにどれほど長い年月、母親が苦悶し、結果として追い詰められていったかについても配慮がなされた刑だという気がします。願わくはもっと早い段階で、母親の拒否とは関係なく、支援がなされるべきだったでしょう。

「なぜ末っ子だけを?」に答える

次の例は「多すぎる子ども」「貧困」がリスクとして考えられるケースです。

二歳の長男を餓死させたとして、警察は無職の父、T（三九）と飲食店アルバイトで母のY（二七）を保護責任者遺棄致死の容疑で逮捕した。実の両親である。

発端はこの二ヵ月ほど前、Yが「子どもが呼吸していない」と一一九番通報したことだった。救急隊員が駆け付けたところ、長男Oちゃんは骨と皮の状態だった。

病院でいったんは呼吸を回復したものの、夕方に死亡。二歳一〇ヵ月のOちゃんの体重は、標準である一三キロの半分にも満たない、五・八キロしかなかった。しかも腸には紙やプラスティックが詰まっていて、空腹のあまり紙オムツやゴミまでも口にしていたとみられる。

これらの証拠から育児放棄（ネグレクト）を疑った医師が警察に通報し、TとYの逮捕となった。

このOちゃんには二人の姉がおり、五歳の次女はOちゃんに近い状態だった。体重は八キロしかなく（この年齢の標準は一九キロ）、脳が萎縮し、自力で歩けないほどだった。ところが長女だけはしっかりと育てられていた。まったくの正常で、体調が悪ければ、病院にも連れて行ってもらえていた。

報道では、三人の子どもたちの育て方がなぜこれほど違うのか、謎が残る、などとされていました。しかし、動物の子育ての例から始まり、先住民、現代人、とずっと通して見て来た我々としては、このような極度の貧困状態で子どもらを平等に育てようとする方が、むしろ不自然と理解できるでしょう。

両親は意識的にかどうかはわかりませんが、間引きに近いことをしていたのです。どの子も満足するというほどの食べ物を与え、世話をすることはできない。もし少ない食料を均等に分け与えていたとしたら、全員が倒れてしまう。

下の方の、食べ物や世話という投資をまだそれほど施していない方の子から切り捨て、上の子を温存しようとしたのではないでしょうか。

里子はなぜ難しいのか

最後にあげるのは、実はリスク要因としてはただ一つ、「里子を育てることの難しさ」しか浮かばない事件です。


四三歳の女性Ｉは、里子として預かっていた女児Ｎちゃん（三）の頭を殴るなどして暴行を加え、翌日に死亡させたとして傷害致死容疑で逮捕された。

Ｉには夫（四二）と長女（一六）、次女（一三）がおり、声優業や劇団活動のかたわら大学院に通い、博士号（公共経済学）の取得に向けて勉強中だった。

彼女が児童相談所に里親として登録したのは、子育ても一段落し、社会に貢献したいという理由からだった。

女児を乳児院から里子として受け入れた際の彼女のブログにはまず、里子が来ることへの期待が記され、その後はひたむきに養育する様子がつづられるが、やがて苦悩に変わってしまう。その翌年、つまり事件の発生した年の初めには児童相談所に、「心と体の成長が遅い気がする。食事を食べるのも遅い。最近、おもらしをするようになった」という相談を寄せた。

事件の一ヵ月半前のブログには、「里子と向き合っていると、いろんなものが見えなくなっていく。これが、ダークサイドなのか？」と苦しい胸のうちを明かし、Nちゃんを「ゾンビ」とさえ形容している。

そして事件の起きた日の夕方から夜の八時、九時くらいまでの間、夫と長女が外出し、次女が学習塾へ行っている隙に事件は起きたとみられる。

IはNちゃんの顔と頭を殴り、頭を壁に打ち付けたり、髪を引っ張り、振り回したらしい。この日の夜、Nちゃんはまだ生きていて、地下一階の寝室で横になっているのを次女が確認している。

翌日早朝、息絶えたNちゃんを発見したIが一一九番通報をした。彼女はNちゃんを寝室から移動させ、階段から落ちたと偽装していた。

搬送先の病院で、遺体の頭や背中の不自然なあざや急性脳腫脹を起こしていたことが発見され、虐待の疑いがあるとして警察が捜査を始め、一年後の逮捕となった。

ごく単純に考えるなら、なぜわざわざ里子として引き取った子を虐待するのか、なぜ恵まれた家庭環境で愛情を持って育てられるはずの里子が虐待されるのか、という疑問が湧いてきます。Iは子育ての経験があり、経済的にも余裕があっただろうに……。

しかし事件後の里親の集まりではこんな声が聞こえたとのこと。

「明日は我が身だ」

里子の中には里親の愛情の度合いや、どこまでひどいことをやっても許してもらえるか、を試すために、「試し行動」なるものを示し、里親を翻弄する子がいるといいます。たとえば食事を突然ひっくり返すとか、猛烈な食欲を示す……。赤ちゃんのように甘えるなど、行動が「退行」することもある。

そもそも里子は、たいていはまず乳児院や児童養護施設に入り、それから里親の元にやってきます。施設に入所した理由には、元の家庭での虐待を逃れるためであることが多く、厚生労働省の平成二〇年の調査では乳児院、児童養護施設で暮らす子どもの半数以上が虐待の末に保護された、とのことです。

そのような経験をした里子が、受け入れ先の親と、すんなりとよい関係を築けるとは限りません。里親の方には相当な覚悟が必要となるのです（家庭ならではのこまやかな愛情を受け、育つ子もいることはもちろんです）。

さらには乳児院や児童養護施設での、プロであるはずの所員による虐待も、この里子と里親の間で起こるのと同じような問題に端を発しているものがありそうです。二〇一一（平成二三）年度では四六件発生し、八五人の子が被害にあっているとのことです。

虐待にあっていた児童がなぜまた虐待にあわねばならないのか、と嘆きたくなりますが、その内容は、暴れる児童の手足を粘着テープで巻き、拘束したなどというものでした。児童の行ないに手を焼いている様子がうかがえ、内縁の夫による継子への虐待などとはだいぶ様相が違っています。

施設などでの虐待事件四六件のうち、二八件が児童養護施設でのものです。そして児童養護施設で暮らす子どもは約三万人。片や里親の元で暮らす子どもはその一割でしかないにも拘らず、里親によって虐待された件数は二〇一一年度には六件にも上る。里親に虐待されるリスクの方が大きいのです。

児童の虐待死亡事件が起きると、児童相談所の対応のまずさが目立ち、多くの批判が浴びせられます。ただし最近では児童相談所への虐待の通報が年に六万件に迫る勢いをみせています。虐待に対する世間の関心が高まったのはよいとはいえ、児童相談所が人員不足に陥り、そのなかで問題の解決のための制度作りを進めていることも知っておかねばならないでしょう。

おわりに――虐待がありえないモソ人に学ぶ

この本の前半は、様々な動物たちの子育ての実態についていくつもの例をあげて議論してきました。続いて人間の先住民の社会をたずね、法律や罰則のない社会で、はたして人間はどう振る舞うのかを見てきました。そして現代の文明化した社会での子の虐待の実情、日本で実際に起きた事件について考えを巡らせました。

どの場合にも一貫しているのは、遺伝子の論理です。つまり人間も含め、動物はいかに自分の遺伝子を残すかという命題の下に、生きているということ。その際、他人の子のみならず、我が子さえ殺すこともあります。

だからと言って人間の行動は、遺伝子によって身動きできないほどに縛られているわけではないし、遺伝子の論理から逃れられないというわけでもありません。我々にとっては、遺伝子の正体を知り、どのようになだめすかしていくかということが一番の課題となるでしょう。

そこでこの本を締めくくるにあたり、人間はここまで遺伝子と折り合いをつけることができるのか、と感動させられる、人類の至宝とでも言うべき人々の社会を紹介したいと思います。彼らの社会では、子の虐待だけでなく、社会における様々な問題や、そこから発生するストレスがほとんど解決、解消されているのです。

中国の四川省と雲南省の境、標高二七〇〇メートルもの高地に透明な水をたたえる湖があります。この濾沽湖《ルーグーフ》のほとりには、「モソ人」と呼ばれる人々がすんでいます。「モソ族」でなく、「モソ人」であるのは、少数民族ではあるものの、中国の五五あると言われる少数民族のどれかに属するのか、それとも独立した民族なのかが確定されていないからです。

モソ人の社会は母系制。ならば男は婿入りをするのかと言うと、そうではありません。そもそもモソ人には結婚という概念が存在しないのです。

走《ヅォウ》婚《フン》と呼ばれる彼らの婚姻形態では、夜、男が女の元へと通います。しかし子が生まれてもなお、同居しない。その点では日本の古代の妻問婚《つまどいこん》に似ている部分があります。

『結婚のない国を歩く――中国西南のモソ人の母系社会』（金龍哲著、大学教育出版刊）などによると、男女の出会いがあるのは、農作業の合間や祭りのとき、あるいは宗教的な集まりの際など。

男が女に何らかのプレゼントを渡し、女が受け取ったらOKのサイン。夜、女は花楼《ファロウ》と呼ばれる、走婚用の二階の部屋で男を待ち、男は塀をよじ登り、窓から侵入する。このとき、間違った男を招き入れたりしないよう、あらかじめ合図を決めておきます。イヌやニワトリの鳴きまねなどです。

男はどんなに疲れていても、明るくなる前に帰らなければなりません。子が生まれるとようやく母屋に出入りし、数日泊まることを許されますが、それでも住むことは許されない。

結婚の儀式も入籍もないのですが、子が生まれて初めての満月の夜に「満月酒」という儀式があります。父親の家族（母か姉妹）が母親の家族を訪問し、村人も招いて行なうこの儀式で、一応父親のお披露目となるのですが、それだというのに中心人物であるはずの父親は、参加しない決まりとなっているのです。

この後、本当の父親が誰なのかが確認される儀式としては、成人式があります。男の子も女の子も満一三歳になったら大人と認められ、走婚を始めてもよいとされる。この成人式の後、父親の実家に挨拶に行くことになっています。とはいえ彼らはそこには既に行ったことがあったりするのですが、正式な訪問はこのときだけなのです。

走婚では別れるのも簡単で、男は女の元へ通わなくなればよいし、「もう来ない」と告げるとか、女の元に置いてあるわずかな荷物を引き上げるだけでもよい。女も男に、「もう来ないで」と告げるか、男の荷物を戸の外に放り出してしまう、あるいは戸を閉めるなど、男を入らせないという意志を示せばよい。

こうして走婚の相手は、生涯に平均で七〜八人にのぼるといいます。

相手を選ぶ際、はたして何を重視するかですが、女は男に地位や財産を求めることはないし、その必要もありません。生まれてきた子は、自分と血縁者たちが育てるのだから。その代わり、男本人の人柄やルックスのよさ、才能などを重視します。

男も女に対し、ルックスのよさ、若さ、人柄を求める。

こんなふうに相手選びをしていると当然のことながら男も女も、美男美女でスタイルがよく、スポーツや音楽などの才能に恵まれてくるよう進化するはず。実際、モソ人はびっくりするくらいにかっこいいのです。

モソ人の女は、長期間つきあっている恋人の他に、短期間つきあうだけの恋人も持つことがあります（この短期の恋人については走婚の相手としてカウントされない）。

そんな事情もあって、生まれた子の本当の父親が誰なのか、わからないこともあります。しかし女とその家系の者たちにとっては、そんなことは問題にはなりません。その子はその家系の子であることには変わりがなく、家系全体で育てるのだから。

子の養育をするのは、母親の他に、母方のオバ、そして母方のオジなどです。

母方オジは自身が走婚をしていて、自分の子がよそにいたとしても一切その実子の養育には関わりません。育てるのは、自分の姉妹の子である甥や姪なのです。

こんな事情からかモソ人では、子にとって母と母方オバが同じ呼び名「アミ」です。父と母方オジも同じ呼び名「アウ」です。

つまり、母、または母のように自分を世話してくれる女は「アミ」。父、または父のように自分を世話してくれる男は「アウ」というわけなのです。もっとも現実には、父は実家にいて、やはり甥や姪を母方オジという立場で世話をしているのですが。

こうして見てくると、モソ人の社会の一番の本質は、子の世話をするのがすべて、間違いなく、子の血縁者であることだとわかるでしょう。特に男が我が子ではない子を育てなければならない、などという事態には絶対に至らないのです。その代わり、男は自分に子どもがいるかどうかに拘らず、甥や姪を育てなければなりません。でも、彼らは必ず、自分と血がつながっている存在なのです。

普通の母系制社会の欠点は、婿入りした男が我が子ではない子を騙されて育てさせられるケースが、まあまあるということでした。しかも周りは妻の血縁者ばかりで、多勢に無勢とばかりに事が押し切られてしまいます。

あるいは女が子連れで再婚すると、その子には継父ができて、これまた虐待のリスクとなります。もっとも妻の血縁者が監視の目を光らせているのですが。

母系制社会は子の虐待がかなり防がれる社会ですが、子を養育する男が、その子の実の父ではない場合がある、という虐待が発生する最大のリスク要因を依然として残しています。しかし、モソ人の社会ではこの問題さえも、完全に解消されているのです。

モソ人のような社会を、我々がそのまま真似るわけにはいきません。しかしながら現代社会から子の虐待をなくすための大きなヒントを、彼らの社会から得ることはできるはずです。

モソ人の社会でひと際目をひく特徴は、母方オジが子の父親の代わりとなり、心強い後見人になっているということです。彼らは、我々の社会における実の父とまったく変わらないくらいの役割を果たします。

いや、父親よりも確実に血のつながりがある、母方のオジ……。

母方のオジは、母親や母方のオバと同様に同じ女から生まれている。父親違いであったとしても同じ女から生まれていて、子にとって絶対に血がつながっている存在です。

ぶっ飛びすぎ、現実的ではない、と笑われるかもしれませんが、我々の社会においても、この母方オジという存在にスポットライトを当ててみるというのはどうだろうか、と私は思います。男には、自分の姉妹が産んだ子である、甥っ子、姪っ子を、「オジばか」と言えるくらいに溺愛する人もいることを私はよく知っています。そしてそもそも男が、姉妹の産んだ子をそこまで可愛がるという心理が進化したのは、彼らと確実に血がつながっているからこそなのです。

子連れでの離婚など、ともかく女が人生の岐路に立たされ、何かあったときには、母方オジが助けなければならないという法律をつくる。そうすればその後のフォローがまずなされることでしょう。

やがて女が子連れで再婚、または事実上の再婚をした場合には、背後のオジが睨みをきかせることになり、継父や、母の内縁の夫という、子の虐待の最大のリスクに対する抑止力となるでしょう。

また、こういう後見人がいることで、女が子育てに悩み、経済的に困った時などに一人で問題を抱えずにすむことができるのです。

しかし母のキョウダイが女だけで、子に母方オジがいない場合にはどうするか？　そのときには母方オバ、またはその連合が後見人となればよいのです。もしかしたらオジたち以上に強力な存在になるかもしれません。そして母親が一人っ子であるときには、母方のイトコなどが後見人として力を合わせればいいでしょう。

モソ人たちは、六〇年代後半から七〇年代始めにかけての文化大革命期に一夫一妻制を強いられたことがあります。しかしその後政治的な干渉が弱まるにつれ、徐々に走婚が復活してきました。現在、一夫一妻制をとっている夫婦がいるとしたら、それはほとんどが文化大革命の影響によるものだといいます。

これこそが走婚によるモソ人の母系制社会が、いかに平和で幸せで、暮らしやすいかの証拠ではないでしょうか。モソ人は走婚を望み、誇りにもしているのです。

現在では男は女の元へバイクで通うこともあり、合図の動物の鳴き声のまねなどの代わりに携帯電話で連絡をとりあうのだそうです。彼らの社会では電話は、固定電話の段階を経ずにいきなり携帯電話として入ってきたのだそうです。そんな環境の大変化、現代化の中にあっても、走婚の伝統はそのままであり、存在価値を示し続けています。

とすれば、モソ人の社会のエッセンスは今の我々の社会にも案外すんなりと取り入れられるのではないでしょうか。


人間も動物の一種である以上、子どもを持ったからといって、即座に「スイッチ」が入り、「母親」や「父親」に切り換わるわけではありません。男も女も遺伝子の論理の下、手探りの苦労を重ねながら、どう振る舞うべきかと懸命になっている。それだけのことなのです。

そんな毎日の中、子につらく当たり、手をあげてしまいたくなるような状況に直面することは誰にでもありえます。

そのような場合に、まずひと呼吸おいてみましょう。それは本能の喪失などではありません。動物としてごく自然なこと、恥ずかしいことではないと確認するのです。人間は他の動物とは違う、もっと高等だ、などと思い込み、自分を追い詰めるようなことだけはしてはいけないのです。

竹内久美子　1956（昭和31）年生
まれ。動物行動学研究家。京都大
学理学部、同大学院博士課程を経
て著述業に。専攻は動物行動学。
著書に『そんなバカな！』、『女は
男の指を見る』など多数。

Ⓢ新潮新書

512

本当《ほんとう》は怖《こわ》い動物《どうぶつ》の子育《こそだ》て

著　者　竹内《たけうち》久美子《くみこ》

2013年3月20日　発行

発行者　佐　藤　隆　信

発行所　株式会社新潮社

〒162-8711　東京都新宿区矢来町71番地
編集部(03)3266-5430　読者係(03)3266-5111
http://www.shinchosha.co.jp

印刷所　株式会社光邦

製本所　憲専堂製本株式会社

ISBN978-4-10-610512-8 C0245

価格はカバーに表示してあります。